LE EMOZIONI
DEI NOSTRI FIGLI

情绪教养

我们应该如何应对孩子的情绪

[意] 法比奥·切利（Fabio Celi）◎著
纪园园 ◎译

中国妇女出版社

代 序

我们应该如何应对孩子的情绪？

“情绪是什么？”伟大的心理学家之一威廉·詹姆斯在1884年发表的一篇文章中如是问。情绪从何处来，由何物组成？它们的目标是什么？最重要的是，这些体验是如此不受控制、如此神秘莫测，我们该如何与它们和谐共处？在之后的近一个半世纪中，心理学和神经科学领域的专家学者们对心理过程、情绪的心理基础及其调节的认识作出了巨大贡献。尤为特别的是，学者们已经确定，情绪和身体之间存在着紧密的联系：由躯体和内脏所产生的知觉在大脑皮层中一个叫作“岛叶”（insula）的区域进行解读，之后产生情绪。近些年，神经科学家安东尼奥·达马西奥提出，人体内的确存在体细胞标记物，即感知内部环境、有机体的内脏状态，并将这些信息传送到中枢神经系统的皮质下与皮质区的小处理单元。

研究表明，要想调节情绪，首先从调节身体开始。不过，虽然人类已经取得了巨大的科学进步，但这些发现在日常生活中的应用仍然很少。如何应对这样的问题，正是法比奥·切利写作这本书的目的之一：理解情绪是什么。描述和调节情绪，对我们成年人来说都称得上是史诗级难度的任务，对儿童来说更是难上加难。通常，成年人调节儿童情绪唯一的方法是：直接压抑孩子的情绪，或者教孩子自我压抑情绪。在现代社会中，除了最典型的惩罚手段，还诞生了一系列用来压抑孩子情绪的新方法。例如，为了让有点焦躁或紧张的孩子“好好待着”，让他们过度玩电子游戏和使用智能手机。

“让隐藏的情绪浮出水面”，通常用来形容成年人的情绪表达，指的是“表达你的情绪”。而当涉及儿童的情绪表达时，仅这一句就足以让人害怕了——这并非夸大其词。这是因为，神经科学认为，无论是从主观的角度，还是从行为的角度来看，儿童都不具备恰当调节自己情绪的能力。最新的研究表明，人的前额皮层中某一特定区域，即眶额皮层，与亲社会行为，尤其与共情能力的发展相关。这一区域在儿童阶段尚未完全发育，这与某些行为和神经发育的病理性疾病中眶额皮层没有完全发育的情况类似。

不过，本书显然打破了这一僵局，突破口正是法比奥·切利在书中的描述："当我们以为在压抑情绪时，实际上我们压抑的是情绪的调节。"正如水中的物体一样，"情绪受到来自底部的向上的推力，等于向下压制它的力量"。因此，我们要倾听孩子的情绪，尤其是帮助孩子表达自己的情绪，以达到调节情绪的目的，使体验它的人完全清楚发生在自己身上的情绪，而并非压抑它。

如今，人类与情绪的游戏仍然在继续。在这本书里，有一个宗旨贯穿始终：在陷入非理性情绪的深渊时，如果能够学会发现隐藏的情绪、表达情绪并管理情绪，人们将不再感到孤单，并能够创造一个必要的平静空间，以面对自己的自动思维（通常是灾难性的），从而为这些日常面临的考验找到自己的解决方案。我希望各位读者能够找到与自己的需求最为匹配的答案。

安杰洛·杰米尼亚尼（Angelo Gemignani）
比萨大学生物心理学和生理心理学教授

目　录

第一部分
隐藏的情绪

第 二 部 分
与情绪共存

第 4 章 认识你自己

第 5 章 真正地倾听

第 6 章 我们一起玩

第 7 章 水、火和“好逗号”

第 8 章 共同寻找解决方案

Part 1

第 一 部 分

隐藏的情绪

第 1 章

逃离情绪

◉ “假眼镜”

一位儿科医生打来电话，想跟我谈谈劳拉。关于这个小女孩的故事，情节堪比小说：劳拉很健康，发育良好。不过，她的父母非常担心她，因为她说自己现在视力很差。父母带她去看过眼科医生，并未发现任何异常。劳拉似乎并没有任何视力问题，可她却总是说自己看不清楚东西。她在家里时常抱怨这件事，并请求妈妈给自己配一副近视眼镜。自从劳拉出生，这位儿科医生就认识她。这次，儿科医生想做个实验。他给劳拉做了简单的视力测试，要求她先不戴眼镜辨认一些字母和图片，然后再戴上为她特制的眼镜。劳拉说，戴上眼镜后能看得更清楚。然后，儿科医生给我（一名心理学家）打来了电话，他给劳拉戴的眼镜根本没有度数，可是当劳拉戴上时，却说自己看得更清楚了。

于是，劳拉的父母把她带到了我这里。劳拉7岁半，正在读二年级，她有一点点内向，非常可爱。我与劳拉聊过几次，经过耐心的引导，她告诉了我她生活中的许多事情：她的家人、她的朋友、她的学校……没错，学校，这似乎戳中了她的痛点。我试着更加深入地了解。她有些担心，有些困惑。在疑惑中，劳拉意识到，一定有什么地方不对劲，尽管她并不知道是什么。毫无疑问，她只是想想自己的困难，就足以焦虑不已。当劳拉试着向我解释时，这也同样让她感到十分焦虑。我能够想象，当老师在课堂上请劳拉朗读，她因为没办法读得像其他同学一样流利而焦虑的样子。我十分谨慎地询问劳拉，她是否愿意让我听听她的朗读。她的脸顿时涨红了，她一丁点都不乐意。一想到要在我面前朗读，劳拉便十分窘迫，也非常沮丧。不难理解她为什么会这样：她的朗读所表现出的许多特征，不禁让人担心她有阅读障碍症的倾向。

我与劳拉的父母谈了谈，他们似乎完全没有意识到这一点。在谈话过程中，他们一点点费力地挖掘出之前完全不在意的一些片段，一些东西逐渐开始浮出水面。没错，他们现在能对上了。有时，劳拉说不想去上学，但爸爸妈妈会告诉她，上学是她的责任。对话结束。有时，劳拉会提到（尤其是跟妈妈提到）自己的忧虑，比如，害怕自己跟不上学校的进度，害怕自己不如其他同学。可是妈妈只是安慰她，并告诉她，她还小，学校正是学习的地方，遇到困难很正常。

有一点在谈话中体现得尤为明显——父母非常爱他们的女儿，他们这么做都是为了女儿好。他们鼓励她、敦促她，面对不可避免的困难时不能退缩；他们提醒她，要尽职尽责，并且想方设法打消她的疑虑。可是，劳拉近视了。或者更准确地说，她让所有人相信，当然首先是让她自己相信，她近视了。

关于孩子的视力问题和可能引发的情绪问题，推荐观看阿米尔·汗导演的电影《地球上的星星》（*Taare Zameen Par*）。

悲伤和愤怒

傍晚时，尤其是一周中有足球训练的那两天，卢卡时不时会因为一些无足轻重的小事而哭哭啼啼，还时常痛骂自己的父母。卢卡的父亲不理解，但他很伤心——他不能就这么眼睁睁看着孩子这样。当儿子伤心时，父亲努力克制自己；当儿子咄咄逼人时，父亲气愤不已。他无法了解原因，也无法让孩子平静下来。与其他人一样，父亲也会时常恼羞成怒。当卢卡抽泣时，父亲有时会责骂他，有时甚至会直接嘲讽他："像个娘娘腔一样哭哭啼啼，你都不害臊吗？"

但这样说根本无济于事。每当这时，只有9岁的小卢卡会更加封闭自己。于是，沉默来临。妈妈在厨房里准备晚餐，父子俩在电视机前一言不发。或许，父子俩根本不关心播放的节目，因为他们都沉浸在自己的思绪中。有时，父亲会试图打破沉默，却使气氛更加沉重。

"今天训练得怎么样？"父亲问道。

"挺好。"这就是唯一的回答。

可实际上，训练一点都不顺利。队友们取笑卢卡，因为他们觉得卢卡太"菜"了。甚至有人怂恿教练说，不希望卢卡留在队里，他们认为卢卡会害得大家输掉比赛。

前几次，卢卡还试着跟父亲说自己不想再踢足球了。可是，父亲是铁杆球迷，每周至少要和朋友踢上一场球，他听到这句话非常生气："这种话我一点都不想听。足球是全世界最美好的运动。”

一个周日的上午，在吃午饭之前，卢卡试图和父亲继续谈话，他讲述了刚刚比赛结束后在更衣室里发生的事情。几个队友编了一首合唱歌曲来取笑他。小卢卡强撑着，努力解释，队友们取笑的内容与他的阴茎尺寸有关。可说到这里，父亲突然打断他：“你觉得跟我说这些肮脏的事情合适吗？你应该思考怎样踢球，怎样更加努力。成功之后你就知道了，他们再也不会取笑你了。”

这时，妈妈的声音从厨房里传来：“午饭准备好了。”卢卡还没坐到桌子旁，只是两眼看着盘子，问道：“这是什么？”

“大杂烩，”妈妈回答，她用甜甜的声音接着说道，“下面是你非常喜欢的烤面包片。”

“你很清楚，我不喜欢大杂烩！”孩子大吼一声，接着抓起盘子，扔到了地上。

后续的剧情不难想象。隔壁邻居都能听见父亲的怒吼和母亲压抑的哭泣声。

在动画电影《头脑特工队》（*Inside Out*）中，有一个场景完美地呈现了父母和子女爆发争吵后的情绪。你可以在网络上找到这一片段，看看这个场景你是不是很熟悉。

或许，之后的日子里发生的事情更令人难以想象。当父亲在家时，卢卡似乎在寻找任何能够发泄的出口，借以宣泄自己的怒火。而作为成年人的父亲，他的怒火则更为猛烈。嘶叫和惩罚成为白天的日常，而夜晚的和平远比战争少得多。卢卡将自己封闭在深深的悲伤中，他会为了一点小事默默抽泣，当父母请求他解释时，他也只会用单字作为回答（前提是他肯回答的时候）。可矛盾的是，这些时刻似乎是家庭中最为美好的时刻，因为若非如此，孩子便会大发脾气，或是大吵大闹，情况会更加难以忍受——父母完全不知道该如何处理，家庭的宁静也成为遥不可及的回忆。父亲最常挂在嘴边的一句话是："谁允许你这么对我的？看我今晚怎么收拾你！"当父亲吼出这些话时，如果怒目圆睁，咄咄逼人，雷霆之火能够吓到小卢卡的话，卢卡会低下头，沉默片刻。不过，这片刻的安静通常不会持续太久。风暴随时准备好再次爆发，可能是几天后，而且新的风暴通常会伴随着暴力。

请注意，我并非在评判卢卡的爸爸，更没有评判他的妈妈。这是因为，首先，评判会带来伤害；其次，卢卡的爸爸全心全意地相信他的儿子有必要参加体育运动（理论上讲，他是对的）。此外，父亲将卢卡送去独自参加训练的原因是他认为这能提高儿子的独立性。父亲还认为，卢卡的一些队友将来一定会缺乏阳刚之气，因为他们在9岁、10岁的年纪，仍需要母亲陪伴在身边，有时他们的母亲甚至会在更衣室里陪伴他们。最后，当卢卡怒气冲冲地对父亲讲话时——父亲有完美的理由，当然永远是理论上的——父亲会告诉儿子，这种表现不对，他应该遵守一些规则，首先要尊重父母。

但是……

我们试着将剧情倒回去。“傍晚时，尤其是一周中有足球训练的那两天，卢卡时不时会因为一件无足轻重的小事而哭哭啼啼，还时常责骂自己的父母。”到底发生了什么？哭泣表达了悲伤；常常用攻击性的语言顶撞爸爸和妈妈，这意味着愤怒。悲伤和愤怒是两种不同的情绪。卢卡是在表达，或者更好的说法是，他在尝试表达他的情绪。可父亲并没有意识到，他不理解，也看不见。从表面来看，卢卡的故事与劳拉的故事完全不同，可从更深层来看，我们能够找到两者惊人的相似之处：在这两个故事中，父母似乎非常有必要佩戴一副眼镜，因为他们“看不见”。

不仅如此。或许只有眼镜还不够，因为眼镜只能帮我们更好地看清外部的世界。在这两个故事中，是他们的内心世界变得模糊不清。那天晚上，当卢卡告诉父亲他的队友们编了一首歌来取笑他的生殖器时，父亲非常难过。他愤怒了，是的，但不是因为儿子，而是因为他的队友。在那一刻，父亲多么希望当时自己能在更衣室，能够听到这些，能够保护卢卡，并反击回去。可他不在那里。那天傍晚，需要为恶作剧负责的人，同样不在那里。在父亲面前的，只有卢卡。于是，就连父亲自己都没有意识到，他将所有的雷霆之火发泄到了最近的“避雷针”上。

◉ 爸爸会变成什么样子？

在下面这个故事中，似乎也有一位妈妈对5岁女儿的行为视而不见。不幸的是，蒂齐亚娜的故事却悲伤得多。蒂齐亚娜是个可爱听话的小姑娘，即便只和她共度一小段时光，也会觉得十分有趣。她从小就睡在自己卧室的小床上，她阳光开朗、讨人喜欢。可现在呢？她的妈妈因为悲伤而“失明”，总是忽视她，而她的爸爸则因为生病需要时常进出医院。在家时，爸爸需要挂点滴、输氧气。可爸爸的病并没有确切的康复消息，他病得很重，很痛苦，让人不得不去想象更糟糕的情况。家人对蒂齐亚娜什么也不说，而是编造了一些谎言，解释为什么爸爸会长时间不在家，为什么在家时需要经常做医疗护理。

蒂齐亚娜虽然什么也没说，可她却用另一种方式理解了。有时，小蒂齐亚娜甚至拒绝去父亲房间里向他问好，而是沉默地站在门口。如果父亲让女儿亲他一口，蒂齐亚娜会拒绝，然后扭头跑掉。不过，另外一些时候，女儿会靠在病恹恹的父亲身旁，静静地和他待很久。蒂齐亚娜常常生病，流感、发热、咽喉疼、咳嗽……从幼儿园老师口中得知，蒂齐亚娜以前很喜欢集体游戏，可现在她却不想参加，更愿意一个人安静地独自画画。在家时，她很不安，睡眠很差，经常受到噩梦的折磨，从梦中惊醒。她经常发脾气，会没来由地恐惧。虽然她一直都会和哥哥吵架，可现在越吵越频繁，越吵越凶，吵的时间越来越长。小姑娘原本已经很久不尿床了，可现在她又开始尿床了。她变得非常任性——本来看上去很安静，可突然间，她会无缘无故地当众大吵大闹，只有狠狠地打她两下才能让她平静下来——至少是暂时平静。上一次发生这种事情是几天前，在公园里。蒂齐亚娜先是想离开母亲，与自己一直以来的小玩伴一起玩耍，不过母亲没有被说服。接着，天黑后，一场相似又不同的吵闹上演了——她发起脾气，不想回家，然后对着母亲大吼，因为母亲让她不要玩了，要带她回家。

一天晚上，蒂齐亚娜固执地坚持想要爸爸陪她一起玩，可爸爸已经疲惫不堪，处在一种近乎麻木的状态，根本没法听她说话。突然，小姑娘跑到厨房，拉开厨柜的抽屉，拿出一把剪刀，一屁股坐到椅子上，开始剪自己的裙子，直到把裙子剪成了碎片。那天晚上，爸爸根本不知道发生了什么。第二天一早，爸爸拿着破破烂烂的裙子给女儿看，说："别担心，蒂齐，裙子本来就太旧了，我给你买一条更新、更漂亮的。"

听完，小女孩一言不发。

过了一会儿，当身边只有妈妈时，蒂齐亚娜问道："谁给我买新裙子？"

"爸爸。你刚刚听到他向你保证了。"

"这不是真的。"

"什么不是真的？"

"他给我买一条新裙子。"

"为什么？"

"因为如果他去了天上，就买不了了。"

"他不会去天上的。这是谁告诉你的？你不能这么说。"

无论在哪种程度的悲剧中，这类故事都会以相同的方式结束：沉默。

也许，不久之前，我非常克制地说妈妈"失明"了。现在我要说，她"瞎"了、"哑"了，被锁在一座城堡的"高墙"内，独自一人。

逃离不适情绪

这些故事都有同样的结局，因为它们有一个共同点：父母不鼓励孩子表达自己的情绪。

或许，面对无能为力的功课，劳拉想要表达自己的不安和恐惧。或许，她有这样的必要。可她妈妈呢，她是怎么做的？她安慰劳拉，告诉她不要担心，还提出了一些好的建议，可归根结底，是请劳拉保持沉默。妈妈这么做当然是为女儿好，因为她看到女儿受苦也很难过。我们人类就是这样。我们试图规避痛苦，我们试图规避折磨，我们试图规避焦虑。

劳拉的妈妈甚至不想听女儿说起自己的阅读困难。卢卡的爸爸根本不接受孩子无法融入球队。或许，问题的核心并非父母难以识别孩子的情绪，也并非无法鼓励他们自由地表达。当然，这些现象真实存在，但并非问题的根源，而是问题的后果。更深层的问题很可能在于，父母难以识别自己的情绪，他们不允许自己做出尝试，他们无法让情绪流动。所以，从这个角度来说，他们也无法成为孩子好的榜样。或许，当卢卡的爸爸听到孩子哭泣时，他内心正在告诉自己："我看不到他在哭，我不想和他一起受折磨。"

你知道这种痛苦会带来什么后果吗？它能够由父亲波及孩

子，或者更广义地讲，可以从一个人身上转移到另一个人身上。这叫作“共情”（empathy）。在后面的内容中，我会经常提到这个词。共情意味着与他人一同承受痛苦。没人喜欢受苦，可当痛苦发生时，能够与亲近之人共情非常重要。

共情式倾听是什么意思？为了理解它，我参考了《头脑特工队》里的另一个场景：其中一个角色失去心爱的火箭的那一刻。

•••

我可没说共情很简单。

如果我们害怕乘坐电梯，那最简单的方法就是爬楼梯。如果我们害怕坐飞机，那最简单的方法就是坐火车。逃避要容易得多，这是我们与生俱来的本能，能让我们当下就感觉良好。可从中期来看，逃避是险恶的陷阱。逃避不允许我们进步，不允许我们学习如何面对问题，不允许我们在能解决问题时解决问题，不允许我们在能接受问题时接受问题。

劳拉、卢卡和蒂齐亚娜的父母，他们选择爬楼梯、坐火车，却没有勇气注视孩子的双眼，无法觉察孩子试图传递给他们的负面情绪。他们在逃避，他们在教孩子逃避。

我们所有人都会犯这个错误，只不过是或多或少而已。如果你走在大街上，碰巧遇见一个数月不见的朋友，你跟他打招呼，向他问好："嘿，最近怎么样？"

在内心深处，你希望他这样回答："一切都好，谢谢。"

可事与愿违，他用一种半悲伤半害怕的表情看着你，然后说道："不太好。我最近出现了一些奇怪的症状，可把我吓坏了，医生让我做了一堆检查。现在我在等检查结果，这可太让人焦虑了。"

听到这些，你最可能的反应是什么？你也很累，你也有一堆问题要解决，而且眼下就有一个绝对不能迟到的会议。这些导致你的反应很可能是立刻宽慰他："不过你也不用太担心！能是什么呢？结果肯定是一切正常，一定会好起来的……"

刚刚是怎么回事？我不想在这里讨论你是否帮到了朋友，因为有可能这些话正是此刻你朋友想听的。我最不希望的，是让你以为我在评判你的行为。我只想请你思考一个问题：你这样做的确避免了痛苦、麻烦，还有时间的浪费。你试图从恐惧中逃离，因为试图隐藏这些恐惧毫无用处：这些东西让所有人都生畏。我刚刚写到，你宽慰了朋友。我不知道真相是否如此。或者，至少我不知道这是不是你最真实的目的。或许你最先想到的是让自己宽心。当然，在你逃离后，也阻止了他情绪的自由表达。

让我们回顾刚刚那一刻。

“嘿，最近怎么样？”

“不太好。我最近出现了一些奇怪的症状，可把我吓坏了，医生让我做了一堆检查。现在我在等检查结果，这可太让人焦虑了。”

“不过你也不用太担心！能是什么呢？结果肯定是一切正常，一定会好起来的……”

朋友还能说什么？他很可能会对着你挤出一丝微笑。不过这注定是一丝悲伤的苦笑。他可能会这样回答：“希望如此吧，谢谢。”之后，你俩互道再见。

让我们看看，如果你不选择回避，而是选择共情倾听，会有什么不同。

“嘿，最近怎么样？”

“不太好。我最近出现了一些奇怪的症状，可把我吓坏了，医生让我做了一堆检查。现在我在等检查结果，这可太让人焦虑了。”

“你非常担心，是不是？”

“对，担心极了。担心得我晚上睡不着，白天也没法想别的事情。”

写下这两行字，对我来说再简单不过了，可这真实映照了你朋友的情绪，他能够直面自己，开始敞开心扉。可真正做到这一点却无比困难。如果你无法感受到蒂齐亚娜脚下裂开的无底深渊，谁又能映照她内心的情绪呢？在那种情况下，死亡可能近在咫尺，那时，她所承受的情绪很可能是毁灭性的。这关乎一位5岁女孩的父亲，她妈妈的丈夫，随时可能迎来死亡。或许，这太过沉重了。然而，尽管我内心紧绷，也能意识到，面对类似的场景，无论我做什么都无济于事，我只是试着提出一个问题：难道隐瞒一切，将小蒂齐亚娜蒙在鼓里是最好的解决方法吗？小蒂齐亚娜的故事比劳拉和卢卡悲伤得多，不过，同样的情况也发生在她身上：她的妈妈被吓坏了，当然首先是被自己的情绪吓坏了，所以除了给女儿的情绪安上一个开关，她找不到更好的办法了。她闭上眼睛，堵上耳朵，试图从痛苦中平静下来。

在接下来的章节中，我会向大家展示，除了逃避和逃跑，还有什么其他的解决方法。

◉ 落下的闸杆

我的脑海中浮现出多年前的一段往事。那时，我第一次走上大学讲台，准备上我人生中的第一堂课。距离上课还有半小时，我的内心无比紧张。我提前很久到达了帕尔玛医院，也就是心理学教室的所在地。时间一分一秒流逝，我的焦虑愈加严重。这时，我开车进入了通往医院内部停车场的车道。车道上的闸杆抬起又落下，而我却没能开进去。“我可以倒回去，”我当时这么想着，“现在掉头，我就能回家，一切平安。”

我当然可以掉头开车回家，没人阻止我，可之后会怎样呢？我会立刻感觉好极了。焦虑，会像变魔术一样消失。可然后呢？我无法认识和接受负面情绪，会引发什么后果？

我按下了停车场的对讲机。我不记得当时自己内心是否希望无人应答，希望闸杆永远不要抬起。或许吧。不过我记得有一个声音回答了我。我报上了自己的名字，并解释要在心理系授课，他为我抬起了闸杆。我把车停在教室附近，这时距离上课还有一刻钟时间。每当遇到类似的情况，我的焦虑都会随着时间的流逝不断增强。我当时想着，不能提前进入教室，否则所有人都会知道我是个新手。于是，我四下看了看，想找个地方释放身体内流淌的情绪，这样能让自己边放松边等上课的人来。首先映入眼帘的建筑是太平间。这个发现起初让我感觉糟透了——不仅因为太平间这地方很不适合放松，而且我的脑子里蹦出了一些迷信的想法。“太平间会带来厄运。我的第一堂课肯定会出乱子。”我当时这么想着。之后，我尽力接受这种情绪，虽然它没有什么道理。我接着向四周看去，发现太平间后面就是牙科诊室。于是，我走了进去。我和许多病人一起坐在候诊室大厅，这时，我重新直面自己的情绪。我告诉自己，我不会比周围这些萍水相逢的病人的情绪还糟糕。下午3点钟，我准时进入教室。我的课从阅读卡夫卡的《变形记》开始，结果怎么样？正如你们所见，我现在还活着。

所有这些与我们的讨论有什么关系？在这一节中，没有孩子……是的，没有。不过，这里有情绪，情绪应该被认可，当然，首先我们要认可自己的内心。认可情绪能够让我们直面它，而非逃避它。正如抬起闸杆，沿着我们的道路继续前进一样。如果没有这种认可，便很难接纳我们的悲伤、愤怒、恐惧，甚至是孩子们的快乐，更别说珍视它们了。

◉ 识别心中的“眼镜蛇”

在本章最后，我想强调说明一下，虽然在之后的场景中，我也会再次提到。我们再回想卢卡的例子：他在学校表现良好，班里有很多朋友（在足球队里朋友少一点）。卢卡许多科目的成绩都名列前茅，他总是愿意帮助有困难的同学，可以这么说，卢卡并不是那种不讨喜的书呆子。当朋友庆祝生日时，从来不会忘记邀请卢卡；而当卢卡过生日、做作业，或者想找人玩时，大家都愿意接受他的邀请；当卢卡自己学习时，他会非常安静（可能只有一类父母认为这个细节稀松平常，他们的孩子能够整个下午独立写作业，不需要妈妈在旁陪伴，也不需要将学习变成一场筋疲力尽的战斗）。总之，卢卡在不哭泣或不愤怒的时候，他其实是一个很听话、很自觉的孩子，他有许多令父母感到骄傲的地方。那到底是哪里出了岔子？原因在于，可能卢卡有无数个理由让父母满意，而只有某个或某几个理由令他们不满意，可父母却只盯着某个或某几个理由。他们会因此担心，因此生气。孩子全部的优秀均隐于幕后，变得近乎透明，甚至令父母觉察不到。

我想再强调一遍——也不知道我要说多少遍——这并非卢卡父母的错。认错毫无意义，当然，法庭上除外，原因很简单，因为他们都是人，人就是这样，我也是这样。想象这样一个场景：出版社为我安排了一场图书讲座。礼堂里有上百号人，这数字有点出乎我的意料。我开始演讲了。起初，我不可避免地会有些焦虑，不过随着时间的流逝，演讲逐渐流畅。在座的听众非常专注，他们盯着我的眼睛，有的人还在记笔记，并不时点头表示认同。而我在说话时会搜寻观众的目光，保证他们能够专注。在演讲持续了40分钟后，突然，我看到坐在第六排的一个人打了个哈欠。在我正说着话的时候打哈欠！现在试想一下，我的大脑会向我传递什么信息。

你可能会认为，大脑会跟我说："法比奥，你太棒了。你都讲了快1小时了，几乎所有人都还非常专心，非常感兴趣。"是这样吗？肯定不是。

那么，大脑会让我看着快要坐满的大厅而担心人数会寥寥无几吗？不。我的大脑会异常痛苦地告诉我："瞧，法比奥，你说话的时候，他们在打哈欠！"

注意，是"他们"。为什么是"他们"？实际上，99个人正清醒地端坐着，只有一个人打了哈欠，但我的大脑却恰恰关注了这一点。这还没完。大脑会不遗余力地向我传送信息。大脑对我紧追不舍："嘿，一旦有一次失败，就满盘皆输了！你老了，永远失去了往日的辉煌。你还记得吗？年轻时，你在公众面前演讲，听众会被你的每一个字、每一句话深深迷住……可现在呢？他们在打哈欠。或许，你最好赶紧退休。”

你觉得我会对自己不好吗？你会因为大脑对我这么说，而责怪我吗？我不认为我要因此而受到责备，因为我也是人。我想再重复一遍，我们人类就是如此。危险、意外障碍、交通事故，远比发生的好事更能吸引我们的注意力。于是，负面情绪占据上风。这不是我们的错，就像不是卢卡爸爸的错一样。

我们来想象一个生活在大草原上的原始人。他听到树叶沙沙作响，他感到焦虑、害怕。他的大脑告诉他：“小心！很可能是一条眼镜蛇。”于是，男人赶紧躲远。他逃走了，他得救了。后来，他恋爱了，生了一个孩子。这个小人儿第一次听到树叶沙沙作响时，他的大脑也会告诉他：“小心！很可能是一条眼镜蛇。”

我们的大脑正是以这种自然选择的方式进化的。如果大草原上没有这样一个警惕的大脑，无法抓住负面情绪，并让情绪流动，那么他的大脑在听到树叶沙沙作响时，一定会告诉他：“听风穿过树叶的声音，深呼吸，抓住这种感觉，将你的注意力集中在这种感觉创造的情绪中……”于是，嗞！眼镜蛇以闪电般的速度扬起脑袋，将致命的毒液注入男人体内，而男人将永远失去恋爱和生子的机会。在那个时代，和男人有同样想法的人恐怕都死了。自然选择杀死了他们。他们再也不会出现了，因为一百万年前的他们并不适应当时的环境。可现在，我们非常需要这样的想法，因为在我们的社会中，眼镜蛇极为稀少，而表现出负面情绪的孩子却极为常见。如今，只向我们指出危险的大脑不再能够适应现在的环境了，它们无法适应环境的原因是，如果我们关注负面的东西，永远生活在“等待眼镜蛇到来”的过程中，那么我们别无他路，只剩下远离和逃跑，甚至是反击。

在教育孩子时使用“反击”，即我们所谓的惩罚，会导致惩罚非常频繁、过于频繁，正如我们所见。

在本书第二部分，我们将用较多的篇幅讨论如何拥有更加开放的心态，如何接受情绪，从而能够在当下与情绪共存，而非期待未来补救，或者后悔过去失去的机会。在这里，我只记录当卢卡承受无法表达，甚至无法识别的隐藏情绪压力时，当他哭哭啼啼或咄咄逼人时，爸爸的所作所为。爸爸极度恐惧“眼镜蛇”，他惩罚孩子、责骂孩子，告诉孩子他一点都不想听到这些。

我们先明确一点：无论在何种教育过程中，惩罚有时是必不可少的（不过，惩罚措施应该极为谨慎地把握好“度”）。当然，这不是重点。重点是，虽然有时我们不可避免地会惩罚某些行为，但无论何时，都不应该惩罚情绪。情绪不该受到惩罚的原因有两个：第一，惩罚会使孩子更加难以表达情绪；第二，当我们惩罚某一行为时，我们希望这一行为将来不再发生，可这一点无法迁移到情绪上，就像无法阻碍想法一样。

亲爱的读者，我想同你们一起做个简单的实验。我会告诉你一件事。你要专心致志地听从我的命令，如果你不能跟着我的命令走，就会有大麻烦。我的命令是：当你阅读这些文字时，大脑里不能想白色的北极熊，因为如果你想白色的北极熊，就会分散你的注意力。你理解了吗？为了保险起见，我们再重复一遍。别想北极熊。如果你想北极熊，就有大麻烦了。现在，观察你大脑的思绪。我敢确定，你正在想白色的北极熊。我这么跟你说吧，如果你继续想白色的北极熊，就罚你做20个俯卧撑。这还不够？如果你继续想白色的北极熊，我就罚你500元钱。这还不够。你会发现，你越是努力不去想它，就越会想它，最后得到的结果和最开始预想的完全相反。我想说的是，如果想法会这样，就更别说情绪了。

当情绪想出现时，它就会出现，它时而令我们大笑，时而令我们哭泣，时而令我们心跳加速。可我们能欺骗自己说，我们能控制自己的心跳吗？心跳会在想要加速的时候加速，也会以想要的方式加速。试图压抑情绪，最终的结果只能是心跳更快，失去自我控制。所以，惩罚情绪有什么用呢？幸运的是，我们会在下一章看到，除了逃避和惩罚，我们还有其他方法。我之所以说“幸运”，是因为劳拉、卢卡和蒂齐亚娜的小故事告诉我们，逃避和惩罚情绪只会造成痛苦的沉默。

第 2 章

当情绪找不到出路时

◉ 如果情绪的闸杆一直落下

在第1章中，我讲述了我在大学第一堂课开始之前，情绪十分焦虑。就像发现闸杆落下后想立刻掉头一样，有那么一刻，我真的想逃离那个令我非常恐惧的考验。

我们每个人都有可能撞上自己情绪的栏杆。我自己就遇到过很多次。我的每一次停车都很短暂，也都有一个美好的结局，因为我辨认出了正在经历的情绪，我进入自己内心，叩开心门，与之对话。可有时，事情并不总是那样顺利。

通常，我会尽量将与患者的谈话控制在1小时，不过有时也会失控。例如，一位家长有强烈的表达欲，我根本无法让他停下来。1小时过去了，接着又过了10分钟，他还在继续表达。我感觉下一场谈话要被推迟了。我生气了，因为我根本无法遏制住这如滔滔江水的话语。我焦虑了，因为这会打乱我的安排，也因为我无法在规定的时间，以想要的方式进行谈话。焦虑助长了愤怒，愤怒反过来又滋长了焦虑。面前这个人说的话，我一个字也听不进去（包括我自己的话，或许这才是最糟糕的）。我只想让这位家长住嘴，我只想让他赶紧离开，我甚至想骂面前的这个人。当然，我会控制自己，不过代价非常高：我们的关系会逐渐恶化。在这一刻，别说我不能帮他，我甚至都不能理解他。等到终于能把他送到门口，我真想踹他一脚。这是怎么回事？这是因为我的情绪闸杆落下了，我没有为自己的感受留出足够的空间，因此我最终撞上了栏杆，就好像我坐在一台自动驾驶的汽车上，猛地撞翻了栏杆一样。我说起自己的这个经历，并非因为我觉得自己的故事非常有意思，而是我们每个人都是自己最好的心理书。我们并非完人，但每个人都能从自己的不完美中学到什么。

当我们无法识别、接纳和调节自己的情绪时，应该知道到底会发生什么。通常情况下，我会变得焦虑、生气，会封闭与他人的沟通。而你会怎样？你的孩子会怎样？当孩子情绪的闸杆落下时，应该也会闯下一大堆祸事。

◉ 高压锅

我们来想象一口高压锅。它的构造是这样的：当内部气压达到某个水平时，蒸汽会从锅盖顶端的阀门喷出。当蒸汽喷出时，会产生很大的噪声，这种噪声会转换成哨声，而且哨声会越来越尖锐。可这个哨声不会令人不安：这样的哨声并没有预示某些严重的事情要发生，更不会有危险发生。相反，这是内部压力（这的确十分危险）正在降低的信号。蒸汽从阀门处喷出，能够防止高压锅爆炸。如果我们省去阀门的设计，或者按住它，高压锅才会变成实实在在的炸弹。其实，我们自己就像一口高压锅：如果情绪不能找到释放的阀门，就会有“爆炸”的危险。

不过，情绪心理学家并不太同意这个比喻。这些专家认为要想调节我们的情绪系统，一个出口远远不够。我接受他们的质疑。仅仅用一个放气孔，不足以避免那些未识别和未调节的情绪引发的灾难性后果。不过在我看来，这是一个必要条件，一个先决条件。我知道，当我们的孩子发脾气，或者用绝望的哭闹来表达他们的情绪时，父母仅仅帮助他们发泄和表达，是无法让事情好转的。但是我相信，如果我们不迈出这第一步，后续的所有步骤都将是空中楼阁（关于后续步骤，即包括帮助他人识别和管理他们的情绪，我们将在本书的第二部分探讨）。而在这里，我只需要让你知道，我们首先要做的是，不要堵塞排气阀。可不幸的是，我们经常这样做（若非如此，养育孩子的工作将简单许多）。没人想堵住高压锅的排气阀，可为什么在对待我们的情绪时，我们却要这样做呢？

◉ 快点，要迟到了

堵塞情绪阀门的第一个原因是着急。

> 你有没有想过可以不用那么着急？我们可以看看《疯狂动物城》（*Zootopia*）里的一个搞笑片段：小兔子女警遇上紧急事件，却必须依靠一只树懒（闪电）。
>
> …

我在前文描述的那次失控的谈话时的反应，刚好表现出这一点。识别我们的情绪，需要一些时间。我们应该努力识别，可有时的确没能做到。我们有时候甚至都不给孩子留出这样的时间。

这个问题或许一直存在，只不过我认为，在最近几十年中，问题变得尤为严重。三五十年前，儿童和年轻人的生活大为不同。我并不是说当时的生活更好——当时的许多条件都比现在艰苦，机会也没有今天多。我要说的只是，大为不同。当时的时间更为宽松。那个时候的小学，上午8点上课，下午四五点放学。之后，孩子们便可以回家、吃饭，放学之后的整个晚上都是他们自己的。然而，在现代社会中，学生的作业量丝毫没有减少，孩子们要做的事和让他们分心的事，变得无穷无尽。20世纪70至80年代，随着电视的引入，孩子们漫长的晚间时光被打断，不过此时只有一个小小的插曲，即下午5点到6点的少儿电视节目。之后插曲结束，孩子们又可以跑到院子里，在临时搭起的球门前踢球，用粉笔在地上画方格，玩“跳房子”的游戏，和朋友们闲聊。那些时光非常悠闲，甚至有点无聊。是的，无聊。他们用那段时光不断回顾自己的想法，进行反思，学习如何审视自己的内心……

对空虚和无聊的恐惧，甚至令我们遗忘了“假期”的含义，即空下来休息[英文词汇中的vacation（假期）来源于vacuum（空白，空虚）]。出于这样的恐惧，我们的度假村里塞满了各种娱乐设施。我们孩子的一天塞满了要做的作业。孩子们无论几点放学，无论写作业要占用多长时间，家长们还要带他们去进行足球训练，上舞蹈课、钢琴课或英语课，我们每一天的生活都充斥着这样的话语："快点""准备好""赶紧""快快，我们要迟到了""加油，我们3点有篮球训练，5点有英语课，6点半有钢琴课"……

我从事发展心理学研究已经超过40年，在此期间，我逐渐发现，孩子们挤出时间与我面谈的难度在不断增加。有时，尤其是当我和"小病人"的关系十分稳固后，我能清晰地感受到他乐意来我这里，可当他想到下周很难抽出1小时的时间过来时，我似乎能真切地从他脸上看到一丝痛苦的阴霾。孩子们开始滔滔不绝地历数自己的任务：周一学空手道，周二放学后他必须去学校体操馆训练，之后……我不禁问自己：那他们如何能够抽出时间，与爸爸或妈妈讨论自己的问题？他们是在历数自己的困难，还是在表达自己的失望？与此同时，父母也非常缺时间。这少得可怜的时间本该为孩子付出，可却常常消耗在与孩子的争吵中，例如"现在该停止玩游戏了"，或者"该收起手机了"。压力的释放阀门就此关闭。父母们坚信，如果没有排气阀，会节省很多时间：锅内的水会很快沸腾，锅里的菜能更快煮熟，接下来就能准备上菜了。可现实却是，如果没有排气阀，孩子就会变成一颗炸弹。他们脾气暴躁、多动、冲动、易怒、好争辩、好斗、好对抗、好挑衅。从另一个角度来看，我们停下来想一想：你一整天都在催他快点、快点，他又怎么会不多动呢？你一整天都对着他尖叫，让他不要浪费时间，他又怎么会不冲动和易怒呢？

> 《你经常与爸爸妈妈玩耍吗？》（*Giochi spesso con mamma e papà*？）是一条短视频，也是一个小小的实验，却能够引发我们的思考。
>
> • • •

你不应该生气

堵塞情绪阀门的第二个常见理由是责任感。

我举一个比较复杂的例子：假如你的儿子放学回家，他连招呼都不打，直接把书包扔到地上，然后把自己锁在了房间里。大约过了十几分钟，你对他说："斯蒂凡诺，快来，准备吃饭了。"

儿子回答："见鬼去吧！"（其实他回答的字眼可能并不

局限于这几个字。我们假设的形式可能不同，具体是什么内容也很容易想到，不过含义是一样的。）

你会怎么做？

惩罚他？你和家人围坐在桌边吃饭，让他一个人待着？你回答他“还是你去那个地方吧”，或者或多或少有点耐心地跟他解释“不应该用这种方式跟父母说话”。这些方法不一定都是错误的，或许有一些方法很正确。这就是我说这个例子复杂的原因：我们在这里不猜测哪个是正确答案。

无论正确与否，所有这些方法都隐藏着一个潜在的想法，即你坚信孩子不应该生气。你认为愤怒是一种负面情绪，是糟糕的教唆者。因此，孩子不应该愤怒。你是否注意到，我在表达时使用了两次“应该”，这就是重点所在。你坚持说，人不应该感到愤怒，可我问你：“人是否能够不愤怒？”这有点像我们在第1章说到的“北极熊”。我要求你不要想北极熊，而你却忍不住去想它。当斯蒂凡诺正在生气时，你却告诉他不要生气，那你做的就是关闭阀门。

我再次重申，这个例子相当复杂。因为一个所谓的“放手”的家长，是接受一切、放过一切、永远理解、从不惩罚的家长，并非好的家长。也因为假设，我们会慎重选择每一刻、每一个场景的目标，并根据具体时间和情境的不同而进行调整。

斯蒂凡诺让你去见鬼。可现在你的目标到底是什么？无论你想采取怎样的教育措施，在此之前，请务必认真思考这一点。你的目标是让他不要再如此无礼？这是非常合理的目标。当然，惩罚也是一种高效的策略。但你要思考这样一个问题，即惩罚的类型有多种，惩罚的方式有多种，而当我们决定使用这一工具（我们将在第7章进行更多探讨）时，务必要非常谨慎。在这里，我们要讨论的主题是另一个：你惩罚的目标是什么？当然，不对父母恶语相加肯定是重要的目标，但并非唯一的目标。如果你的目标是让斯蒂凡诺表达他的愤怒，引导他向你敞开心扉，向你解释，以及对你诉说今天早上老师对他的羞辱，一位同学把他撇在一边，这令他非常气愤，因为这让他感觉自己很愚蠢、不够好。于是你把他留在房间里，而自己却和其他家人吃饭去了。我认为这可能不是最好的策略。

如果你向他大吼，说这样的行为无论如何都是无法接受的，更不是好的方法。当然，用完全能够接受的态度冷静地向他解释，他应该如何对待爸爸和妈妈，他应该先学会尊重父母，这也是一种微妙地堵塞阀门的方式。

在我看来，我们使用的许多方法都称得上“阴险”，因为我们的目的并不是单纯地为他好，而是为了堵塞阀门。还记得上一章中，我们说到的朋友相遇的小故事吗？一个人非常担心检查的结果，可他的朋友却说："不过你也不用太担心！能是什么呢？结果肯定是一切正常，一定会好起来的……"这就是另一种堵塞阀门的方法。

当你对朋友，或者对斯蒂凡诺说他们应该如何应对时，其实你是在跟自己对话。你认为，我的儿子不应该感到愤怒，因为你无法忍受负面情绪。心理学家将这种与自己对话的行为称作"内部对话"（internal dialogue），而且很多人认为，内部对话通常包含非理性想法。非理性想法具有两个典型特征：第一，它们是错的；第二，后果很可怕。

"斯蒂凡诺不应该生气"，这是一种非理性想法。"他不应该生气"，这是错误的想法，正确的想法应该是"他不生气会更好"。但我们所有人总会有经历负面情绪的时刻，这时"斯蒂凡诺不应该生气"的想法会让我们很难受，它会令我们愤怒、悲伤，产生无力感。因此，学会辨别非理性想法非常重要，我们要了解它，在能够改变时改变它，在无法改变时接受它（第6章有更详细的解释）。这样我们的许多痛苦就会消失，或者说我们体验到的痛苦会减少。"我们不应该承受痛苦"，这本身就是一种非理性想法！当然，最重要的一点是，识别孩子身上的非理性想法，并教会他们发现这些想法。关于非理性想法，有一些特点我们需要格外注意：非理性想法会大量使用这样的词汇，例如“应该”“受不了”“灾难”或“绝对”。其实，非理性想法通常很极端，非黑即白；一切事物要么是对的，要么是错的。对一切事物都要去评判，而非去理解它们。但是不要误解，我再次重申：有时，父母也应该扮演法官的角色，当然这样做会非常困难且痛苦。但这样做是因为孩子的正义有时被压制了，而他们的情绪有必要被父母引导表达出来。

◉ 不要哭

如果看到孩子生气你都受不了，那看到他们伤心，你肯定更受不了。作为父母，你肯定不希望孩子受半点委屈，更别说看到他们哭了。相对地，你也不希望他们看到你哭。这恰恰是促使我们有意地（或多或少）堵塞阀门的第三个原因：接受孩子的负面情绪，会让我们自己难受。

一天下午，你的女儿亚历珊德拉写完作业后，躲进了厨房的角落，一言不发。想不注意到她，肯定不可能。因为通常在这个时间段，女儿应该会自己在房间里玩，或者在开心地看电视，又或者在和她的闺密闲聊。可今天，她没有。

于是，你走上前问："宝贝，有什么难过的事吗？"

"没有。"女儿回答。

"怎么会没有？我看你很伤心，跟平时不一样。"

亚历珊德拉犹豫了。

你继续问道："你可以告诉我。勇敢点，跟我说说你怎么了？"

事情进展到这里，一切良好。你是一位非常优秀的家长——细心、善解人意、理解孩子，关注孩子身上发生的事情。可惜，现在问题来了。亚历珊德拉鼓起勇气告诉你，她最要好的朋友罗伯塔背叛了她。事情是这样的：学校要分小组完成一项家庭作业。你的女儿立刻提议与她最交心的朋友合作，不过，她的朋友却与其他人组队，没有把你的女儿邀请进小组。讲到这里，亚历珊德拉忍不住哭了。她默不作声地掉着眼泪，不再作其他解释。简而言之，现在的情形如下：女儿垂下头，泪珠大颗大颗地顺着她的脸颊落下。

"不要哭。"你对她说。

可其实你内心是这样想的："我见不得你哭。"

"你觉得她是个什么样的家伙？"你继续说，"谁知道那个叫罗伯塔的脑子里在想什么？我觉得她就是个很奇怪的人。别生气，你可以进其他小组，对不对？"

虽然有一些不太想接受，但亚历珊德拉还是点了点头，认可了你的说法。看到这里，你对自己说："谢天谢地！现在，她只要专心地写作业，就能转移注意力了。"因为，对你来说，从高压锅排气阀中喷射而出的蒸汽的痛苦啸叫声，简直令你无法忍受。你的双耳，甚至你的内心都在备受煎熬。

"现在擦干眼泪，别想这些了。"你对女儿说，"罗伯塔肯定还会来找你的，咱们等着瞧。"

亚历珊德拉没说话。

你继续说道："好了吗？我们笑一笑？"

这一次，亚历珊德拉又点了点头，表示同意。当然，她没有对你笑，可你已经知足了。你避免了更糟糕的情况。更糟糕的情况，在你看来，可能是继续看她这样难受。你堵住了阀门，周围又恢复了令人舒心的安静。当然，你并不知道，此时女儿内心翻涌着怎样的波浪。

◉ 做个男人！

我们堵塞阀门的最后一个常见原因是恐惧。

不过，细想之下，我不知道说它是最后一个是否正确，或许它是第一个。很可能在解释堵塞阀门的原因时，这样的顺序、层次结构，这种试图区分先后（时间上或者重要性上）的做法毫无意义。这让我想到一个圆环，或者一条追着自己尾巴转圈的狗。这些原因串起来就像这样："我很着急，没时间听你说，我不想看到你生气或伤心，因为你所有的情绪都令我恐惧，所以我把我们的每一天都塞得满满当当，这样我就没有时间听你废话了。"

是的，恐惧。你的女儿必须离开家，独立参加露营旅行，可她既害怕又焦虑，她担心没有父母在身边，自己适应不了。而你却安慰她，对她说，她绝对不应该恐惧。你是否发现你的话中包含了"应该"和"绝对"？你是否能意识到，你虽然在努力帮助她达到一个重要的目标，例如独立性，却在通过一种非理性的想法去做到这一点？

> 你告诉孩子"没什么好害怕的"，这其实与心理学专家所提出的"情绪确认"刚好相反。
>
> • • •

如果同样的恐惧发生在男孩身上，情况可能会更糟糕，因为在我们的文化中，远远没有克服许多性别刻板印象。或许，为了逼他赶紧收拾行李离开家，你会无视他“娘娘腔”的担忧，对他说：“做个男人！”很可能，这一句看似微不足道的话语，足以证明你潜意识中内心真正的恐惧。你建议孩子要勇敢，是因为你害怕有一个胆小的孩子。在孩子与你分开的那一刻，你无法忍受内心的焦虑。就在那一刻，你难以接受大脑向你传送的信息，甚至难以辨认出这些信息是什么。你的脑海中有一个声音对你说：“看那边，所有人都出发了，瞧他们兴高采烈的样子。就在昨晚，保罗的爸爸还跟我说，他儿子正在准备去露营的行李，别提多激动了。我还在街上碰到了安东内拉，她正和妈妈一起去买新水壶，我到现在都忘不了她脸上洋溢的灿烂笑容。可我的儿子呢？竟然不愿意走！这是为什么？他脑子里在想些什么？”

注意你问的最后两个问题，它们非常重要。你为什么不直接问自己的儿子呢？或许，如果你问了，他会向你敞开心扉，向你诉说他感到恐惧的事情……可他的焦虑却吓坏了你：又是蒸汽从高压锅阀门喷射而出时的咝咝声，连绵不绝，令人不安。你感觉耳膜都快被震破了，你想捂住耳朵，可那时你不能那样做，于是你只好堵住阀门。“做个男人！”你对他说。随后，为了收拾残局，安抚你的小宝贝（他，还是你自己？），你继续说："没什么好害怕的。"

这可太过分了。这些话是从你嘴里说出来的吗？是你在害怕自己有一个不对劲的孩子吧？

"没什么好害怕的"，虽然这是你对孩子说的，可你似乎更像是在说服自己。不过连你自己都没有完全信服。更重要的是，你并没有评估这种说法在情绪上产生的负面影响：就在孩子害怕独自离家去露营时，你却对他说，没什么好害怕的，那孩子会不会以为是自己哪里出了问题？我们试着来想象一下孩子的思绪："既然父亲认为没什么可害怕的，可为什么我却十分害怕？一定是我很奇怪，我和别人不一样。如果父亲跟我说，做个男人，他的意思肯定是他觉得我不是个男人，难道他觉得我是一个婴儿或者一个小女孩？那要是一个婴儿或者一个小女孩自己去露营，他们又该怎么做呢？"

◉ 巨大的错觉

有一位十分严厉的教授，他上课的方式堪称传奇。只要他踏过门槛，整间教室立刻陷入冷冰冰的寂静中。教室里坐着25名学生，可只要他一出现，房间里似乎空无一人。孩子们没少吃苦头，最终学会了：如果不想让老师变得那么冰冷、可怕，最好在他面前一个字都不要说。

虽然这位教授的教学方法十分古老，可他手腕上戴的表却时髦得很。这是一块产自日本的数字手表，无须充电，因为内部有一块微型电池。这天，教授正在上一堂重要的课，讲授的是古罗马诗人卡图卢斯。就在时钟显示11点42分时，教授手表的电池耗尽了。这堂课本该中午12点下课，但教授深信离中午还早，于是继续讲课，其间时不时瞥一眼手表。

直到下午1点，教授还在讲课。这时，前排的学生已经坐立不安了。临近下午2点，教室里有15个男生已经明显烦躁了，当然是在情况允许的范围内：有的学生在凳子上四处扭动，有的忍不住盯着时钟看，还有的干脆放下笔，摆出一副没有一丝力气记笔记的模样。如果儿童心理学家或儿童神经精神病学家仔细观察，就会发现，这里的许多学生都面临着罹患某种行为障碍的风险。显然，剩下的10名学生表现得非常安静，他们没有丝毫不适的表现。但是，他们的情况并不比其他人好。其实，他们开始出现胃疼的症状。像这样的情况，如果连续出现两三天，孩子们可能会患上胃炎；如果像这样持续整个学年，那么就有患上胃溃疡的风险。有时，压抑的情绪会引发不当行为，仿佛向外界抛出的炸弹；有时，不适会留在体内，人们看不见，但这并不代表痛苦会减少一分。

这个故事是虚构的，我之所以写这样的例子，是希望它能够帮助我们理解正确的方向。试想，所有这些紧张本可以避免，只需要一个非常简单的手势。这25名学生中，只要有一个人举起手，在得到发言的许可后，他可以礼貌地提醒："教授，很抱歉打断您，不过时间似乎有点晚了……"教授可能会确认一下时间，并调整自己的手表。

同时，孩子们的情绪也能得到调整。是的，我们以为压抑的是情绪，可实际上我们压抑的是情绪的调节。当我们对自己说"我不应该哭""我不应该生气""我不能难过"，或者反过来，将同样的话说给孩子听，愤怒或悲伤并不会消失，而是会以更加痛苦、更不妥当、更为突兀的方式表达出来。误认为自己能够压抑情绪是一种巨大的错觉，因为情绪会以更为强烈和纷乱的方式重新爆发。我把它称为情绪的阿基米德第一定律，即情绪受到来自底部的向上的推力，等于向下压制它的力量。

想象自己在游泳池里。水面上漂浮着一只你不喜欢的气球。气球的颜色非常难看，图案设计也令你生厌、令你不安。你不希望气球漂在水上，可没有办法，因为你也没法把它弄走。这时，你想到了一个主意。你两只手抓住气球，用力将它按进水里，一直按到你能按到的最深处，直到你快要看不见它。这似乎是一个完美的解决方法，因为你自欺欺人地认为，你已经解决了那只气球。可现实却大相径庭，原因有多个。其一，气球还在那里；其二，你的双手按住气球，尽力向下压住，于是你再也无法伸开双臂游泳，无法跳水，而且很可能一直以这样的状态待在游泳池里，你也越来越不开心；其三，过不了多久，你手臂的肌肉便开始酸痛，而且越来越痛。你的身体越来越疲惫，直到最后不得不放弃。这时，气球会在强大的推动力下，腾地探出水面。这件事情告诉我们，既然无法摆脱它，更明智的做法是与它共存。你可以认真观察它，或许通过观察你会发现气球上画的小恶魔也没那么糟糕，就连气球本身也没那么讨厌了。换个角度之后，没准儿过一会儿你还能和朋友一起玩气球呢。

请务必记住，不要在孩子身上犯同样的错误。不要教育孩子说，有一些情绪是错误的，需要压抑它们。不要向他们灌输这些，因为他们如果感受到了“不对”的情绪，就会以为自己也犯错了。不要逼迫孩子变得“近视”，从而无法看清自己的内心世界。不要将孩子带入一种错觉，让他们集中所有的力气试图压抑负面情绪。如果孩子为了控制情绪而耗费了大量的精力，不仅徒劳无功，而且会让他们更难专注于真正感兴趣的事情，也无法与同学们共度快乐的时光。最终造成的结果是，孩子为了平复自己糟糕的感受，会想方设法逃避思考（逃避思考真的是一个巨大的错误），最终可能沉溺于电子游戏、刷视频、玩危险游戏等，甚至还可能用剃须刀片自残，因为他们认为，肉体的痛苦可能会帮助他们忘却内心更大的痛苦。

◉ 巨大的悖论

认为能够控制自身情绪的巨大错觉，最终产生了同样巨大的悖论。我们已经描述过，对电梯的恐惧驱使我们爬楼梯。于是，我们对电梯的恐惧与日俱增。类似地，我们对某种情绪的恐惧会驱使我们不敢直视它，不敢深入了解它，更不敢在可能的范围内与它友好相处。于是，这种情绪也会变得越来越可怕和敌对。

对失控的恐惧，最终会导致我们真正失控。这种巨大的恶性循环最终导致的悖论是，我们恐惧自己的恐惧。

> 关于“恐惧”这一话题，可以观看韩国搞笑动画片《妖怪学院》（*Spookiz*）。

在第1章中讲述的三个小故事（劳拉自称视力不好，卢卡不愿承认被学校足球队的队友嘲笑，蒂齐亚娜一想到父亲会死去就十分害怕）有什么共同之处呢？他们都无法表达恐惧、直面恐惧。劳拉恐惧自己学习成绩不够好，而对这一恐惧的恐惧最终使她变得“近视”。卢卡无法表达被嘲讽的羞辱感，恐惧自己的能力无法达到队友的高度，而这令他患上了“对立违抗性障碍”。而在蒂齐亚娜的故事中，对疾病和死亡的无能为力，导致了她的“行为怪癖和孤僻”。

我在上文中，将“近视”“对立违抗性障碍”和“行为怪癖和孤僻”这三个词都加了双引号，并不是弄错了，或是偶然为之，而是因为如果不加引号，那这三个词代表的就是真正的疾病。这有点类似于那个教授讲课时手表没电了的故事中的学生，虽然他们可能被诊断出某种精神上的疾病，但如果给予他们充分的机会说话，那就有“痊愈”的可能。

意大利佛罗伦萨有一座钟楼，它几乎完全被涂鸦破坏了。到底是谁画的？肯定是某些有行为障碍的人——我们会立刻这样想，或者是一撮破坏分子，或者是有反社会人格的人。无论如何，肯定是一群非正常的人干的。那到底该怎么解决这个问题呢？罚款、拘留，还是关监狱……

或者……有没有别的方法？

有的。

有人想出了一个天才般的设计。他们在钟楼的某些点放置了图腾，允许人们进行虚拟涂鸦，而且开发了一款应用程序，不仅可以看到涂鸦投影在建筑物上，同时还能够将投影发送到你的手机上，也能够分享给你的朋友。这可不是我异想天开，这是真实的故事——虽然听着像是虚构的。那些乱涂画的人都有了利用合适的方式充分表达情绪的可能。我们不妨一起看看网上的涂鸦——有一些很有攻击性，有一些颇具诗意，有一些非常愚蠢，还有一些极度暴力，可这都不是重点，重点是建筑物上真实的涂鸦大幅减少。

令我们产生不适、痛苦和疾病的并非情绪，而是无法表达情绪，这款设计让情绪的表达成为可能。

例如，一位签名为“iv b Ipsia”的小男孩利用这款应用程序，在钟楼顶部写下了这样的话：“463步，向整个佛罗伦萨喊出，我爱你！”虽然他不是诗人贾科莫·莱奥帕尔迪（意大利著名浪漫主义诗人），可他终究没有破坏古建筑的美。让我们再回过头来想想莱奥帕尔迪。我时常这样问自己：倘若莱奥帕尔迪处在极度悲痛中，对他的孤独感到深深的绝望，正在服用抗抑郁的药物，那么他又会变成什么样子？或许，他也无法再写下《致西尔维娅》这样的诗篇了……

◉ 沉默的对称

在劳拉、卢卡和蒂齐亚娜的故事中，还有一个共同点，即沉默引发沉默。倘若父母没有能力处理某个与情绪相关的话题，孩子便会因此闭口不言。而一旦孩子沉默不语，父母要想重开沟通之门，就会变得越来越困难。行为和情绪的对称极为常见，即二者以镜像的形式呈现：愤怒产生愤怒，攻击产生攻击，冲动产生冲动。这一条规则同样适用于沉默。

我记得曾经遇到过这样一个案例，按照小男孩父母的说法，他们的孩子仿佛被锁在一个“近乎冰冻”的世界中。男孩的性格最初十分阳光开朗……可现在却宛若一块坚冰。这一切都开始于男孩祖父的去世，但引发这些反应的却并非那件事本身。家里一片沉默。在好几个星期的时间里，爸爸一直非常想大哭一场，可每次他都忍住了。小家伙注意到了爸爸的行为，于是他也忍住了自己的眼泪。而且为了“以防万一”，祖父的照片也从客厅的架子上消失了。这个“以防万一”让我想起了《睡美人》故事中的国王和王后。一个坏心眼的女巫诅咒他们心爱的女儿奥罗拉公主，说她会在16岁时，手指被纺车的针头扎中而香消玉殒。惊恐的国王和王后于是将王国内所有的纺车和纺锤通通烧毁。我们都知道故事的结局：公主还是被纺车的针头扎到了手指，陷入沉睡中，只有真爱之吻才能将她唤醒。这样“以防万一”的措施并非没有任何作用，但它却是有害的。这些措施阻止我们去亲身感受和进入我们的情绪。为了从漫长的睡眠中拯救奥罗拉公主，需要爱的行为。

在上述案例中，父子俩结束了漫长的“睡眠”后，不仅孩子被冻住了，就连父亲也是，而“爱的行为”则是能够一起哭泣的勇气。经过几次心理治疗后，一天晚上，父子俩躺在床上，相互依偎着，儿子敞开心扉，回忆起与祖父共度的幸福时光，忍不住哭了起来。第二天，祖父的照片重新出现在客厅的架子上，父子俩内心的冰霜也随之消融。

还有一个案例。一个小女孩来找我，因为她的一群朋友对她开了很过分的玩笑，自此之后，女孩便患上了恐惧症。我补充一下，令她罹患恐惧症的不是玩笑本身，而是女孩的父母含蓄地表现出禁止谈论这件事的行为。在这件事中，还有一个重要的插曲。当女孩在竭力忍受玩笑的羞辱时，也在为自己爱猫的离世而伤心欲绝。不过，女孩的父母很快给她买了一只“新的”猫。当他们告诉我发生的事情时，我就在想，正是应了那句话——旧的不去，新的不来嘛。这句话可以说是非常冷酷的哀悼方式了。这也就意味着事情“翻篇”了。可它可能只适用于无法产生感情的、可以随意替换的物品。在我们心中有一页纸，那里生活着我们的“小猫咪”，在翻页之前，我们应该再读一遍，甚至读很多很多遍，直到觉得能够将它留在我们心中为止。

我们有必要再来回顾一遍蒂齐亚娜的悲伤故事。当小姑娘把裙子剪碎后，她父亲是如何安慰她的？“别担心，蒂齐，裙子本来就太旧了。我给你买一条更新、更漂亮的。”可问题是，小蒂齐亚娜或许并不需要一条新裙子，而是需要敞开心扉，诉说为什么旧裙子最后会落得这样糟糕的下场。

还记得亚历珊德拉吗？在组队做家庭作业时，她最好的朋友选择了另一个小组做研究。她的母亲不忍心看到她伤心，于是不断地安慰她，就如同上文的“别担心，我们再买一只新的小猫”。可这样的做法背后往往隐含着一种沉默规则，双方之间是对等的、对称的，是互相达成了共识的。在那些被认为是更优越的、比以往更成熟的社会和文化中，似乎已经完全消除了哀悼的外在形式。若一个人失去亲人后，连续几个月一直身穿黑衣出门；或者一个孩子戴孝整整一年，他的夹克翻领上一直钉着一个黑色的纽扣，或者在袖口上缝上一圈黑色的绑带——即便我们可能不觉得很荒谬，但也会觉得没有必要利用这种方式来表达悲伤。然而，这些外在的标志有时却能够成为沟通的桥梁。例如，一个小孩子遇到了自己的小伙伴。小伙伴会问："你的胳膊上怎么有一条黑色的绑带？"

"因为我祖父去世了。"

"什么时候的事？"

"一个月前。"

"你祖父叫什么名字？"

"阿尔贝托。"

"请节哀顺变。"

今天，我们似乎都在规避谈论死亡。所以，我们经常听到父母给孩子这样的建议："你朋友马里奥的祖父去世了。你千万别跟他提这件事，千万不要和他说起你的祖父，他太可怜了，可别让他受罪了。咱们都帮帮他，让他早些忘记。"

或许我们都忘记了眼泪的作用。当外界的异物进入眼睛里，眼睛便开始流眼泪，眼泪会将异物慢慢冲走。一双干涩的眼睛不仅不能解决问题，反而会使问题变得更加困难和痛苦。

第3章

寻找丢失的情绪

◉ 那些陌生的情绪

试着回忆一下，你曾经有多少次对自己的孩子，或是认识的小孩说过这样的话："我很开心"，或者"今天我很生气"，再或者"我昨天感觉很糟糕、很伤心，那时我……"很可能你很难回想起类似的情节，那我换一种说法：你有没有经常看到小孩发脾气，他们表现得非常好斗，或者听到他们喊着要弄坏玩具，或是想要踢自己的兄弟一脚？这些行为是因为愤怒，还是因为有人向他提出要求，又或者是他发现自己能力不足而感到窘迫？

我试着告诉你这样一件事，那就是无论是孩子，还是青少年和成年人，他们都不习惯表达自己的情绪。我们在很小的时候就轻松地学会说“我饿了”“我渴了”，有时，会略有一些困难地说“我困了”；我们学会了说“我想去玩”“我不想写作业”“给我买一小包贴纸”；我们还学会了如何描述生活中发生的小事：“今天，在听写字词的时候，老师给我打了一个高分。”或是有些不情愿地说：“今天，老师骂了我，还给我写了评语。”我们天生就会讲述事实和表达愿望。

如果加上情绪，事情就会变得更为复杂。

如果我们想在电脑上打开一个已经删除的文件，电脑显然无法打开，而是会弹出一条消息，提示文件不存在。如果我们试图用智能手机的计算器除以0，手机会告诉我们“错误”，或是“不可除以0”。如果洗衣机正在洗涤衣物，我们想要打开洗衣机门，那么洗衣机的显示屏或指示灯会提示洗衣机门已锁。但是对大多数人，尤其是儿童来说，这样的提示通常不会发生。一般来说，当孩子行为不当，或是没有达到我们的期望时，并不会出现一个展示他们情绪问题的显示屏。没有这样的使用说明书，也没有关于情绪的指引，因此，教育者的任务，同样也是本章的一个目标，就是寻找这处“空白”的替代方案。

在前面两章中，我们已经看到情绪是如何影响孩子的生活的，而且时常是负面的影响。因此，懂得如何识别情绪至关重要。有时，我们不能清楚地看出孩子们的情绪，我们不妨从一些线索入手，大胆假设。或许，孩子们身上没有情绪显示屏，可就像电子产品大行其道之前，许多老式车辆里会有许许多多指示灯一样，孩子们身上也有。现在，一旦汽车出现问题，它会直接告诉你问题是什么，可在此之前，一切都靠一个指示灯，你必须自己试着找出哪里出了毛病以及该如何解决问题。我们的孩子往往更像旧式汽车，而不是那些复杂的新式车辆，他们很少知道如何清晰地表达内心的感受。于是，我们只能通过一些混乱的模拟信号了解他们的情绪，也就是突然亮起的红灯。

完成一本清晰且完整的情绪手册十分困难，其中有一个深层原因，即儿童和青少年不仅常常无法表达他们的感受，他们甚至无法识别感受。我们带着这个全新的视角回到之前的例子中。一个小孩很早就学会感受饿了或渴了，之后能够感受到写作业时的厌烦，或是想要一包贴纸的渴望。但是，如果他内观自己，去发现自己的快乐、悲伤、痛苦和窘迫，这一点就变得非常复杂。虽然，从生物学和进化的角度能够部分解释这种困难的形成原因，但是毫无疑问，这一切的形成也有教育因素的作用。

在临床实践中，我几乎每天都能看到这一点。当我为我的“小患者”做智力测试，或评测他的阅读能力或自我控制能力时，他可以用一千种不同的方式做出回答，但你仍然能够清楚地看出，他正在完成一项习以为常的活动。可能在那一刻之前，没人给他测试过智商，可他却有过上千次类似的经历，例如，被成年人要求认真观察一张照片或是仔细阅读一个句子，然后回答几个问题。可若是我向他展示情绪轮（一种用于测量情绪的圆盘），并尝试和孩子一起使用时，我能立刻从孩子脸上看到惊奇的表情。当我请孩子们向我描述一个给他带来快乐或是令他伤心的故事时，孩子们能够用一千种方式回应，可当面对一个全新的、未曾探索过或极少探索过的游戏时，几乎所有人都露出惊讶的表情。现在，这一观察结果的真实性与前些年相比略差一些，因为许多学校已经开始研究所谓的情感入门教育，可现实情况却是，成年人通常要求孩子学会独立吃饭和穿衣，要有教养，要避免危险，要练习阅读、写作和算术……对成年人来说，尤其是父母，当他们问孩子“你感觉怎样”时，他们期待的回答是“很好”，或者是“我肚子疼”“我膝盖被人踢了一脚，现在火辣辣地疼”，诸如此类的回答。父母很少听到孩子们回答“我很伤心”，而且教给孩子这样回答的父母更是少之又少。于是，小家伙们逐渐长大成人，却没有培养起足够的“情绪表现”（emotional display）。

因此，我们非常有必要学习如何识别孩子脸上闪烁的情绪指示灯，这也正是我们本章尝试做的事情，从而帮助我们识别情绪并表达情绪（正如我们在本书第2章看到的）。

瞧，他上学第一天多么兴奋。对，他就是尼莫，动画电影《海底总动员》（*Finding Nemo*）中可爱的小丑鱼。

身体语言

在试着解读隐藏的情绪之前，了解情绪通常的表现形式对我们大有帮助。我们先以恐惧为例。我们设想一个害怕坐飞机的人，假设他要出远门，去很远的地方，他会怎么做？首先，他很可能会首选火车或汽车。如果没有火车或汽车，他很可能干脆放弃出门。其次，如果有人逼他去机场看看，不坐飞机，只是看一看飞机起降，闻一闻航空燃油的气味，再听一听机场的广播。他会变得脸色苍白，双腿发抖，并开始大汗淋漓，全身大半的肌肉紧张，心脏咚咚咚地剧烈跳动。最后，他会开始思考，他会告诉自己坐飞机非常危险，因为飞机可能会坠落，如果上帝想让人类飞翔，就会赐予我们翅膀。有意思的一点是，与身体和行为的反应相比，我们用以说服他的理论证据显得无比苍白。我们完全可以给他展示航空旅行的安全统计数据，可这都无济于事。身体的紧张，对飞行的恐惧，使得远离机场、马上逃离成为最佳的选择。

这个简单的例子能够帮助我们理解情绪，尤其是消极情绪的反应。情绪反应主要分为三大类：生理反应（如面部涨红、肌肉紧张、心率提高等）、行为反应（如接近、远离、逃避等）和认知反应（如消极的想法、对潜在灾难的预期等）。我们暂且将后两种反应放在一边。由此我们能够看到，身体有它的情绪语言，我们是能够尝试倾听的。这种身体语言，我们称其为“非语言沟通”（nonverbal communication）。这也是我们解读儿童情绪的第一种方法。

每当你建议找一天去滑雪时，你的儿子法布里齐奥总会变得十分紧张，像绷紧的小提琴的琴弦一样。你可以认真观察他，不要像往常一样立刻失去耐心。在许多财力不足的家庭中，孩子若是能跟爸爸妈妈一起去山上滑雪，会无比高兴。而面对孩子这种消极的无声反抗，父母若是生气或难过，这都可以理解，可这又有什么用呢？试着去理解他不是更好吗？当你向他提出这个建议时，法布里齐奥会十分紧张，这是为什么？他害怕了？害怕什么？接着，他垂下双眼，摆出一种封闭自我的姿势，仿佛是面对某种不知名的攻击时的自我保护。他悲伤吗？他心里藏着一个秘密，对他来说如巨石般沉重，即使到了他不得不说的境地，他也没有勇气告诉你。他的行为无不说明“指示灯”已经闪烁起了红光，它在警告你有点不对劲。在这里我必须再明确一下：我在本章中提及的红色指示灯（身体语言，还包括后文提及的画画和游戏等）并不会清晰地传达出潜在的情绪，它们只是提示有问题存在，但不会明确说明具体是什么问题，就像我们先前讨论的老式汽车指示灯一样。因此，如果你以为这像翻译不同语言的句子一样简单，试图以这种方式解读它，寻求某种解释，或是直接翻译，都是不切实际且危险的奢望，会引发更多的问题。这些信号不够精确，模糊且不确定：它们表明有某种我们还未辨别出的感觉存在，并且只是提供了一个机会，让我们能够多问几个问题，从而打开坦诚和尽可能平静沟通的通道。因此，我们回到你的不想去滑雪的儿子身上。你要做的并不是立刻跳到结论上，去解释他的行为，而是问他：“法布里齐奥，是什么让你一想到下周日咱们去滑雪就这么难受？”

如果孩子不愿回答你的问题，你也不要气馁（起码这次不要）。没有关系，不要着急。与此同时，你已经向他释放了这样一个信号，即如果他想告诉你，他就告诉你，因为你乐意倾听并理解他。

再举一个例子。周六下午，你的大儿子马克被邀请去你朋友家参加一个家庭狂欢派对。他们家也有一个孩子，跟你儿子年纪相仿。可还没等你跟马克说完注意事项，他已经忍不住坐进了客厅精致的白色沙发，控制不住地在上面乱跳一通。如果沙发有被破坏的风险，那么你要做的第一件事就是让马克停下来，批评他，让他明白这样做没有用。叫他不要乱跳了，从他脚下救下你那美丽的纯白色沙发，那可是你花了大价钱购置的。这无疑是最当务之急的事情，我们也赞同。但是之后呢？在最初的热情褪去之后，你难道不认为这种反应值得更仔细地思考吗？或者说至少思考一下这到底意味着什么？难道这只是一种表达无限喜悦的方式吗？还是说在这之下，也有一丝对全新体验的焦虑之感？只是他找不到别的方式来表达，毕竟在这场狂欢派对中，他即将面对的大多是陌生的孩子。

参加同一场聚会的，还有达里亚。如果她算不上真正恐惧的话，那她一定十分焦虑。她的表情非常紧张，脸色苍白，还会离你远远的。没过多久，她会告诉你，她肚子疼。看看这里面亮起了多少红灯，它们又向你提示了什么？或许达里亚根本不想去参加那个聚会。或许她觉得，在刚刚认识，甚至从未见过的同龄人面前戴上面具，会十分窘迫。或许那个周六下午，她已经有了别的安排。我再重复一次：那些非语言沟通远不及口头语言那么清晰、明确。红色指示灯会提示我们，发动机出了问题。紧接着，该由我们来找到问题所在，与此同时，停下来非常有用——忽略信号示警，继续旅程，可能会有发动机损坏的风险。

最后一个例子。费德里科的爸爸出差很久，终于回家了。他迫不及待地想要抱一抱自己4岁的宝贝儿子。爸爸跨进家门，放好行李箱，跟妻子匆匆打个招呼，张开双臂跑向儿子。爸爸原以为费德里科会与他心有灵犀，也做出类似的动作。因为平时每当爸爸走近儿子要拥抱他时，小费德里科也会张开双臂，好像在说：“我就在这里，抱紧我，抱紧我。”可事与愿违，小费德里科的手臂紧紧地贴在身体两侧。小家伙的眼睛里没有丝毫温度，只是几乎没有任何表情地盯着自己的父亲。于是，有那么几秒钟时间，爸爸也呆呆地站在原地（这下可算是心有灵犀了，只不过与预想的完全相反）。费德里科往旁边走了一步，向着窗边走去。现在，小家伙的脸上蒙上了一层悲伤的阴影。他走到窗边，望向窗外，根本没有转脸看看爸爸，可爸爸早已叫了他好几声。费德里科手里拿着什么东西，也许是从地上捡的，也许是从窗台上拿的。这时，爸爸有些不知所措，带着一丝绝望，仍然试着对他说："费德里科，你不想看看爸爸这次出门给你带回来什么礼物吗？"

可孩子举起手里拿的小玩偶，回答爸爸："我跟这个玩。"

认知心理学家或许会说，费德里科表现出焦虑回避型依恋（anxious avoidant attachment）的特点。我不想冒险涉及太专业和太理论化的问题，我只想以最简单的方式表达：我们注意到，孩子的姿态和眼神中传递出了一系列复杂的情绪，但对一个4岁的孩子来说，他找不到语言来描述。作为成年人，我们却能够将它解读出来，翻译如下："离开我这么久之后，你有什么脸面出现在我面前？谁知道你都去了哪里？我不能假装啥事都没发生过。我可生气了，我得让你瞧瞧，就算是没有你，我也可以过得很好。"

因此，孩子与所谓的依恋对象或是保持接触，或是远离，孩子身体的灵活或僵硬程度，面部表情，或多或少拉长时间的微笑或哭泣等，都能为我们提供有趣的线索。孩子和家长之间的关系如果十分紧密，那么孩子的肢体语言通常具有协调且平衡的灵活性，孩子能够根据不同的情境表达各种不同的情感。

而在费德里科的案例中，我们可以看到，如果亲子间的关系不够紧密和稳定，便会催生出不适的动作和表情，孩子想要远离父母，即很少或不愿与父母产生身体接触，身体姿态内收、僵硬、紧张、闭锁，以及逃避眼神接触，等等。或者也可能走向另一个极端，我们会注意到一种表达不安或不确定的姿势，一种时而接近、时而远离成人的连续且不可预测的交替循环，并且所有这些行为都伴随着一些信号，表明孩子处在情绪激动的状态中。

总结一下。我们要观察孩子，尤其是在他们一天中重要的时刻，例如与父母分开后再次团聚时，从学校放学回来时，与朋友见面时，某个特定的活动时，做作业时，吃饭或上床睡觉时。我们要注意观察孩子们的身体向我们发送的信号。这些信号不够准确，却能引导父母深入了解背后的缘由，而且这样的信号很多，潜在的作用也非常大。它们能够向父母传达不适感，例如躁动、肚子疼或头痛等；传达伤心，例如特定的一些面部表情、紧闭双眼、将目光从旁边的大人身上移开去看玩具等；传达愤怒，例如长时间沉默、大喊大叫、骂人、脸颊涨红、不住地哭泣、无法安静地待着、提高声调等。

绘画

尝试解读（注意，这比以往任何时候都要更加谨慎！）儿童情绪的第二种方法，就是绘画，它能够帮助我们挖掘出那些被误解，甚至被无视的情绪。身体语言作为一种交流密码，适用于所有人，适用于任何年龄段。而画画则不同，这是专门针对儿童的一种有效工具。

不过，在继续解释之前，我必须提醒你，一定要万分小心。

几年前，我的一个学生告诉我，在就读精神病理学硕士期间，他参加过一个启发性课程。任课教授向学生们展示了一幅画，说是一个7岁的小女孩画的，并请他们对其进行解读。画面的色调极为黑暗、阴郁，整体带有一种悲伤的感觉。学生们纷纷表达了各自的解读，各有千秋，但都基于一个底层观点，即画这幅画的孩子即使称不上抑郁，但内心的确很悲伤，她的思想和情绪都被黑暗所笼罩。有一位学生补充说，这个孩子一定非常孤独。教授饶有兴趣地听完所有的发言，一言未发，而是向他们展示了第二幅画，这也是一个7岁小女孩的作品。画作描绘的是一片绿油油的草地，草地上繁花似锦，头顶上是湛蓝的天空，整幅画面尽是绚丽鲜艳的色彩。这一次，教授依旧邀请学生们解读作者的心理特征，大家一致认同这个小女孩阳光而温柔。或许，学生们可以将专注力从画作上挪开一些，多关注一下教授嘴角讽刺的微笑，虽然这微笑稍纵即逝。教授这次打断了同学们的讨论，宣布："这两幅画都是我女儿画的。一幅是在晴天所画，另一幅是在下雨天画的。"

在我看来，这节课显然是要教给我们必须时刻保持谨慎。孩子们可以通过画画表达各种不同的情绪。因此，我们在仔细看完孩子们的作品后，需要同他们谈话，询问他们想要表达什么想法，这个想法是如何产生的，为什么选择那种特定的颜色或图形。以上所有的提问都十分有用，这能够防止我们在对画画时的条件、环境、原因和时间一无所知的情况下，做出太过于天马行空、脱离现实的盲目解读。而且，要避免陷入一个更危险的误区，即从中看到他们的病理学表现。图画并不用于判断孩子是生病还是健康。当我们观看这些作品，尤其是父母在看到任何可能的问题迹象时，只会制造焦虑情绪。这可不妙。图画只是一种沟通工具，而非诊断结果。我们使用图画是试图理解孩子，而不是给孩子贴标签。

这也就是说，我们能够在图画中找到有趣的情绪线索（我再重复一遍，是线索，而非证据）。我举几个例子。

我们可以看孩子画的图形大小，尤其是人物的尺寸。如果我们看到一个人被画得非常高大，可能是这个人对孩子异常重要——可能是好的，也可能是坏的——这个人可能会在小家伙身上产生爱、依恋，也可能是恐惧。画得很小的人物，尤其是位置在画纸边缘、处在非常靠边的位置的小人物，可能是害羞、害怕表达、封闭的迹象，尤其是当孩子用这种方式画自己时，这一点尤为准确。

当孩子与爸爸或妈妈关系亲密时，在画上常常表现为与父母靠得很近，或者画得很像。类似的情况同样发生在兄弟姐妹和朋友身上。若是将自己与画面上的其他人物画得很远，或者画得非常不同（穿衣打扮或是面部表情等），则表明与人物之间的关系出现了问题。

我们还可以观察铅笔落在纸面上的力量。一般来说，用力压笔表明情绪很激动。在激化的情绪中，愤怒可能占据最主要的位置，不过也可能带有冲动和攻击性。通常，如果孩子匆匆完成绘画，几乎不带任何犹豫，画面上也没有任何擦除的痕迹，这也是一个明显的标志，往往能够确认这样一个假设，即孩子目前承受着沉重的情绪负担。相反，如果孩子的笔触非常虚弱、不确定，频繁地擦除线条，则表达了犹豫、害怕犯错、没有达到要求的标准、不想袒露太多、害羞、敏感、脆弱、内心缺乏自信等。在纸面上，则会因为阴影和暗色区域的存在，使得这种感觉更加突出。有时，铅笔的线条不仅仅是不确定，更像是故意画得断断续续：对大一些的孩子，或是具备良好的绘画技巧的孩子来说，出现这种情况可能是他们在表达恐惧的感觉。这让我想到了一个画画非常好、有点内向的男孩。一天早上，男孩醒来，发现家里进了小偷，于是在惊恐之下，男孩在他房间的墙壁上、床上和家具上都画上了波浪形的线条，仿佛绘画者的手在不住地颤抖。

接下来，我们来谈谈与颜色相关的主题，这也是备受争议的主题之一。一般来说，使用明亮、柔和的色彩，以及开放性、创造性地使用各种色彩，能够表明画画者情绪平静、喜悦，没有重大冲突出现；而悲伤和痛苦的负面情绪则一般用深色的、强烈的颜色来表达（首先是黑色，然后是棕色，还有暗绿色、橙色和蓝色）。同时，如果大量使用红色和黑色，则很可能代表愤怒和攻击性，特别是如果所描绘的是暴力场景，例如一场打斗或战斗。需要单独拿出来讨论的是大量使用白色，这似乎表明了冷淡、中立，不想袒露自己的内心。但是千万要注意，色彩分析是一个更加不确定、更加模棱两可的领域，所以需要格外谨慎。首先，有现实的问题。孩子们，尤其是六七岁以后的孩子，通常学会了使用某种特定的颜色，因为这种颜色最能反映世界的样子。其次，针对这一类主题的科学研究也得出了相互矛盾的结果。要想理解一幅绘画中主要的情绪是积极的还是消极的，有一个方法非常有效，即观察画画的节奏。如果节奏稳定，不是太慢，也不是太快，则可能表示孩子的情绪是快乐的。如果绘画的速度过快，可能表示孩子具有攻击性、愤怒，总之，具有一些外化的情绪；相反，如果速度过慢，则可以考虑伤心、忧郁等内化的情绪。最后，有必要观察孩子选择的主题和人物的面部表情，通常这些都是比较容易解读的标志物。举个简单的例子，挂着眼泪和板着脸（或者我们刚刚说到的暴力和血腥场景）与露出微笑。我们可以记一下，某些内容背后隐藏着某种隐喻：太阳公公笑脸盈盈能够用来表达快乐；大树的树枝垂下，样子像流泪时的嘴巴，能够用来表达悲伤；窗户破碎的屋子，或是一场倾盆大雨，能够用来表达痛苦，因为整个画面都呈现深灰的色调；嘴巴里露出牙齿，一脸威胁的表情，能够用来表达愤怒；微笑的小丑的形象，往往与暗藏的好斗心理相关。

在绘画中，有一个规则（我们将在下一节探讨）与游戏中的规则刚好相反。如果游戏是自由的、自发的，那么它就能帮助我们更好地解读孩子们的情绪。而在绘画中则相反，人们能够通过各种形式引导孩子，从而获取进一步的信息。如果孩子已经会写字，你可以让他在绘画中添加对话，画成漫画的形式。当我们对某些特定的情感感兴趣时，还可以提出更为具体的要求。例如，我们可以要求孩子："试着画一张你跟妹妹在一起的画。"或者要求："当妈妈出门上班的时候，试着画一张画。"我们可以给孩子设定一个主题，例如"我今天的感觉"，或者请他们画一张植物或静物的画，要求画出物体正在经历的某种情绪等。

最后，在我看来，最能揭示儿童内心世界的方法之一是所谓的正反双面提交，即要求孩子在一张纸的正反两面分别画出一幅画，表达完全相反的两个场景。你可以试着这样跟孩子说："今天我们来画一张特别的画。你只能用一张纸，在纸的一面画出你独自一人的场景，另一面画出你跟朋友在一起时的样子。"针对两幅图进行分析，这经常能对我们产生启发。有一次，我请一位有注意力和专注力困难的"小患者"用这个方式画了两幅不同的画，我分别称它们为"我在家"和"我在学校"。这两幅画有一个共同点：在两幅画中，作者都将自己画在了建筑物外面，这很可能表明他对户外的生活有明显的偏好。而画面另外的部分，却风格迥异，大不相同。在第一幅画中，男孩站在一片绿油油的美丽草坪上。草坪边上就是他的家，门窗敞开着，沐浴在阳光下，头顶是万里无云的蔚蓝天空。孩子脸上绽放着大大的笑容，无比灿烂，像阳光照耀下的美景一般。在第二幅画中，男孩站在学校的楼梯上，他的身后是灰色的栅栏。在男孩的描绘下，学校给人一种很压抑的感觉。天空乌云密布，暴雨交加。天空阴沉沉一片，没有一丝阳光，暴虐的骤雨砸在同样灰暗的地面上，让人觉得这里阴暗压抑。上一幅画中灿烂的笑脸在这里变成了一种愤怒的讥笑，明晃晃的牙齿露在外面，仿佛学校让我的“小患者”背负了负面情绪一样。

正反双面提交有无数种变体，例如“你和爸爸／你和妈妈”“和朋友们在公园度过的一个美好下午／和朋友们在公园度过的一个糟糕下午”“一个幸福的时刻／一个极其悲伤的时刻”“今天我非常平静／今天我充满了焦虑”。

几天前，我和一个刚刚被收养的8岁小女孩一起画画。女孩在之前的自然家庭（natural family）中过得非常艰难。我问她是否愿意画两幅画，分别是“我和之前的妈妈”和“我和现在的妈妈”。女孩想了短短几秒钟，没等我建议她可以画在纸的两面，就把纸拿在手里，将其对折分成两等份，接着就画了两幅画。女孩用了很短的时间就完成了第一幅画，结果画上的内容十分贫乏，远远地拉开，没有任何颜色，也没有诸如环境刻画这样的细节，甚至连地平线都没有。最震撼我的是，画中的人物脸上竟然没有眼睛。然而，在第二幅画上，女孩用了相当长的时间。最后呈现的画面颜色绚烂，内容丰富，色彩明亮。画中最为明显的细节是，女孩一只手握着妈妈的手，另一只手握着风筝的线，那只风筝色彩丰富，宛若彩虹一般。我问女孩，为什么没有在第一幅画上画眼睛。女孩不知道是因为悲伤，还是在思考怎么回答，她默默地垂下了脑袋，然后对我说："因为我的妈妈把我当成一个提线木偶。"于是，我又问她，为什么在第二幅画上画风筝。听到这个问题，女孩毫不迟疑，立刻回答说："因为妈妈紧紧地、紧紧地拉着我，但是她让我尽情飞翔。"

我相信，即使这一小节讲述的内容无法令我们感动，但也会让我们思考这样一个事实，即运用绘画的最佳方式是将它视作一种沟通工具。当你的小家伙完成他的作品后，跟他聊聊，问问那些令你好奇的问题，以及最打动你的那些画面背后究竟有什么故事。让孩子尽情表达，不要评判。让原本隐藏在内心深处的情绪，慢慢地、一点一点地看到光明。

◉ 自发的游戏

第三种解读孩子情绪的方法是观察孩子玩耍时的样子。

我先从一个悲伤的案例讲起。那是一个罹患创伤后应激障碍（PTSD）的男孩，虽然我非常不希望这样的事情发生在你们身上，但这的确能够极为清晰地反映出背后隐藏的情绪。几年前，一个快6岁的男孩的父母来找我，告诉我他们的儿子几个星期来一直在玩一个奇怪的游戏。男孩会去洗手间，在舌头上抹一点牙膏，然后喝满满一口水，让嘴里满是泡沫。接着，男孩会躺到地上，闭上双眼，让白色的泡沫慢慢地从张开的嘴角流出。然而，这个场景并不搞笑，还有点吓人。男孩的父母告诉我：男孩口吐白沫，像是中毒了一样。

不幸的是，在某种情况下，理解类似的行为隐藏的情绪意义非常容易。大约在一个月前，小男孩和叔叔去了海边。叔叔把男孩扛在肩上去海里游泳，可就在离岸边几米的地方，叔叔突然感觉不舒服，很可能是心脏病发作了。一名救生员冲了过去，把不会游泳的孩子救了起来，可对叔叔却无能为力。叔叔被救上岸后，人们想让他苏醒过来，可一切都徒劳无功。年幼的侄子被吓坏了，他眼睁睁看着口水从叔叔的嘴角流出。小家伙从没有把看到的这些告诉任何人，可现在他却以这样的方式讲述出来，以这种可怕的、不断重复的游戏的方式。

在创伤后应激障碍中，反复扮演创伤性事件的情形非常常见，这种扮演可能多少带有一定的象征性，而且会以各种不同的方式去诠释当时的场景。这种重复在很大程度上是无意识的，试图不断重温那可怕的事件引发的负面情绪，使自己慢慢地“习惯”它，让事情逐渐变得不那么可怕。这可能是一种向外界传递自己持续感受到的痛苦的方式。无论你如何解读，这类游戏都试图表达一种用语言难以表达的情绪，因为这情绪太过强烈、太过悲伤，甚至有些不能宣之于口。

一方面，在孩子的日常生活中，不会经常发生如此悲痛的事件，因此“阅读”游戏便会十分困难，其困难程度就好比当你腿疼时，让你当场判断是拉伤导致的，还是其他什么原因。另一方面，孩子的情感生活不可避免地会经常出现“拉伤”和“挫伤”。表明孩子受伤的典型例子是，小家伙独自一人在卧室里跟洋娃娃玩，把所有的洋娃娃都摆在自己面前，大声斥责它们怎么那么粗心，写错了那么多字——这可能是一个信号，告诉我们孩子在学校遇到了一个性格急躁的老师，给他造成了小小的情绪创伤。

巨大的创伤会以某种形式表现出来，且更容易被察觉，但小的伤害信号却更加微弱。

几个月前，我认识了10岁的尼古拉。在父母眼中，小家伙孤僻、内向，总是伤心，十分孤独。他们提到了一个在我看来十分重要的细节。尼古拉曾多次请求爸爸送给他一些玩具士兵当礼物，而且态度十分坚决。可父亲却一直不同意他的请求。起初，父亲觉得这样幼稚的要求应该是比儿子小得多的孩子提出的。后来，父亲问尼古拉为什么这么想要这种玩具，儿子回答说，他想跟他们玩战争游戏，于是父亲拒绝得更加干脆了。父母双方都打心底里反对孩子玩带有攻击意味的玩具。玩具士兵的故事显然在此画上了句号。

我开始观察尼古拉，他身上最击中我的是他的孤独。刚开始的时候，我鼓励他在放学后的课余时间里去见见朋友，只是跟他们一起写写作业都行，可这根本不奏效。在后续与父母的面谈中，父亲告诉了我一个令他十分困扰的发现。一天晚上，尼古拉不知道从哪里找出来一盒旧的蓝精灵玩偶，那是他五六岁的时候玩过的。“你拿那些蓝精灵干什么？”父亲问他，“这不是小孩子玩的东西吗？你都10岁了，还玩这些不觉得可笑吗？”

尼古拉没有回答父亲，只是独自在一旁摆弄这些玩偶。他先是把几排蓝精灵摆在一侧，然后把反派格格巫摆在另一侧。儿子摆完就停了下来，父子之间的交流也停在了这里，因为儿子显然不想继续说话，父亲也就气呼呼地离开了房间。我试图小心地建议父母保持更加开放的心态，观察孩子的行为，但不要妄加评判。要带着好奇心问他在玩什么游戏，千万不要讽刺或挖苦他。我们要用孩子的游戏——无论是什么游戏，作为一种谈话的契机。（说到这里，我必须非常谨慎，我不想欺骗和误导你。我仅仅用几行文字来讲述这个片段：父母前来咨询，在有限的几分钟会谈中暴露问题，心理学家言简意赅地告诉父母该如何去做。很显然这是出于篇幅的限制，同时也是因为这并非一篇心理疗法的论文，但在实操中却并不完全如此。这里总结的过程其实是一项更为漫长的工作，速度更慢，中间有大量的交流。在这个过程中，心理学家和父母互相交换观点，在最理想的情况下，双方共同商定后续如何进行。）在接下来的一周时间里，尼古拉的父亲告诉我，每当他看到儿子与蓝精灵玩耍时，都会默不作声地观察一段时间，不发表任何评判。小家伙时不时转过脑袋，看看父亲在干什么，而父亲只是一脸赞同地对儿子笑一笑。同上一次一样，尼古拉把蓝精灵玩偶排成一排，前面再摆上一排邪恶的格格巫。接着又停了下来。

“接下来呢？”父亲问他，“游戏要怎么继续？”

“接下来，蓝精灵要和格格巫开战了。格格巫更强大、更恶毒，可蓝精灵的数量更多。让我们期待他们的胜利吧。”

“我明白了，”父亲看着他说道，“你为什么那么喜欢发起战争呢？”

父亲听到的回答大大出乎他的意料。

“我发动战争，是因为我没法子交到朋友。我没有朋友，所以能跟敌人玩，我就很高兴了。”

至此，我们可以得出结论：让孩子自由地玩耍，在他自发的游戏中观察他。目光专注地看着他，但不要惊扰他：不要做评判，不要假设孩子生病，不要有优越感，不要讽刺他。试想，如果你在电脑上玩纸牌游戏，或是打网球，旁边有个人一直对你皱眉头，你会怎么想？虽然你很可能从没参加过世界纸牌锦标赛，也从没参加过戴维斯杯网球锦标赛，但在那一刻，那场比赛对你十分重要、十分严肃。对小孩子来说，很少有比游戏更严肃的事情了。试着猜想你的孩子在玩耍时的情绪，做出一些可能的假设，思考一下，孩子也许也愿意与你交流这些情绪，然后验证你的假设，最后非常温柔、谨慎、不带一丝评判地接受它。通常来说，孩子的游戏像水晶一样脆弱，也像水晶一样透明。慢慢靠近这块水晶，把它拿在手心里，迎着光芒，也要带着敬意，专注地观察它，就像在雕琢金银器皿一般专注。一定要小心，千万不要把它碰碎。尽量不要破坏与孩子之间的关系，而是试图建立与他的沟通。注意，是沟通，不是审讯。要用心聆听，因为事情的本质无法用肉眼看到。

◉ 从ABC开始

那是一个阳光明媚的星期六下午。春天就要来了。乔瓦尼的爸爸想出来一个主意，他叫来自己的儿子。小家伙12岁了，胖乎乎的。爸爸对儿子说："来吧，乔瓦尼，换上运动服和运动鞋，咱们去山上溜达溜达。"

乔瓦尼撇了撇嘴，把脑袋缩进脖子里，回了自己的房间。爸爸等了几分钟，没有看到乔瓦尼出来，于是又开始叫他。第一次，乔瓦尼没有搭话。爸爸又叫了一声，他提高了一点音量。这一次，乔瓦尼倒是出了门，两脚慢腾腾地挪着步子，双眼紧紧盯着手里的手机屏幕。很难准确地判断出这种姿势表达了什么，但有一点很明确，这显然是一种负面情绪。愤怒？伤心？肯定是某种形式的反对。更能确定这一点的是，乔瓦尼既没有换运动服，也没有换运动鞋。爸爸看着他的样子，已经有些不高兴了。天气好极了，可离太阳下山也不远了。"我们得快点。"爸爸跟儿子说，态度一点都没有转变。儿子瞥了父亲一眼，然后嘴里闷哼了一声："哦。"

"怎么了？"父亲问道。

"没什么。"乔瓦尼回答。

"那就快点。"

乔瓦尼除了快点，别的都做了。

他转身往厨房走去。

“你这是去哪儿？”父亲问他，语调越来越高。

乔瓦尼没搭理他，而是走到母亲身边，问她：“我的运动服呢？”

运动服没有找到。家里的气氛越来越紧张，直到快要天黑的时候，父亲突然大吼一声，说他要独自去山上散步。紧接着，父亲尖声喝道：“我本来想得好好的，跟你一起去散步，因为我以为你肯定很乐意跟我一起待上几个钟头，或许还能让你顺便减掉几斤肉。不过现在我算是看出来了，你根本不想跟我去，那我就自己去，我一定会更开心的。”说完，父亲穿上运动服和网球鞋，摔门而出。

这是怎么回事？我们该如何解释乔瓦尼的行为以及他与父亲之间的互动？我们尝试用一个解释模型来更好地理解它，理论学家将这个模型称为功能分析，不过它也能用一个首字母缩写来概括，即ABC。

A指代行为前因（antecedent），即表示发生待分析行为之前的情况。这个故事中的前因十分清晰：在一个冬末的周六下午，父亲有一个提议。或许这里面还有一些次要因素。如果我们想扩大前因的范围，或许可以将乔瓦尼本身考虑进去，他是个懒惰的小男孩，这类运动让他感觉很累，而且很少给他带来满足感。但是，我们不要让前因太过复杂化。行为前因指的是在行为前刚刚发生的事情。爸爸说的那句“来吧，乔瓦尼，换上运动服和运动鞋，咱们去山上溜达溜达”，正是这里的前因，即导致行为发生的直接导火索。

B指目标行为（behaviour），即乔瓦尼在父亲提出要求后所做的事情：撇了撇嘴，把脑袋缩进脖子里，回到自己的房间，几次都没有回答爸爸的话，双眼盯着手机屏幕，不仅没有换上运动服，甚至不记得衣服在哪里。

第三个要素C指行为后果（consequence）。这个要素十分关键，指的是乔瓦尼这样做了之后发生的事情，即他以不当的方式表现出自己的偏好和情绪后，所产生的后果。那在这个案例中，后果是什么呢？好吧，从广义的角度来看，并不难理解：父亲生气了，提高了音量，砰的一下摔门而出，不过，这些对乔瓦尼来说并不重要。对他来说，最重要的是他可以不用去山上散步了，因此无论是从他的姿势，还是情绪表现上，都能看出，他得到了自己想要的东西。因此，如果我们不将所有的注意力集中到一个行为上，而是将它的前因和后果联系到一起，我们往往就能够发现行为的意义。小家伙那种挑衅的态度是什么意思？我试着将它翻译成文字，即：“爸爸，拜托了，不要带我去散步，我一点都不想去，我更情愿安安静静地待在家里玩手机。”

从正式的角度来看，若是基于良好的沟通、良好的教育和良好的人际关系的规则，那么我们可以说我刚刚写的那句话是合适的，而乔瓦尼的行为是失当的。但如果我们从乔瓦尼的角度来看这件事，可能会改变看法。对他来说，非语言沟通是合适的，因为它有用！父亲生气，摔门而出，而他也得到了一开始想要的东西：懒洋洋地赖在家里玩手机。

我们可以举上千个例子来说明ABC模型是如何让我们理解某个行为的意义、它的功能作用和潜在的情绪。再举一个例子。妈妈叫大卫去写作业，可他却把作业本扔到窗外。我们可以这样解读：“我不想写作业，我要累死了，打不起精神，再也受不了了！”或者这个例子：艾琳不想跟朋友出去玩，她被孤立了，爸爸想要解决这个问题。艾琳垂下双眼，噘起嘴巴，做了一个半放弃半恶心的鬼脸，然后转过身子，走得离爸爸远远的。这时，父亲也不知道说什么好，只好沉默了。女儿这种非语言沟通想要表达什么呢？很可能是这样的：“爸爸，拜托，别说了。我一点都不想说这个。这让我太难受了。”

我们回到ABC模型中。这个模型不仅能够为行为赋予意义，而且能够帮助我们理解行为背后潜在的情绪，以及为什么我们的孩子会不断做出某些明显扭曲的沟通行为。在这里我只提醒一点，即如果你只关注孩子的动作、姿势和非语言沟通，即使你十分专注，即使你带着极大的兴趣和好意，你也会时常意识到，这不足以帮助你理解孩子行为的意义。

我们再举一个例子，并用ABC模型一步步分析，以便理解它的应用原理。就在刚刚，爱丽丝还在安静地摆弄她的积木。她熟练地将乐高积木搭在正确的位置，快要搭好一座富丽堂皇的城堡了。可突然间，爱丽丝开始咚咚地跺起脚来，她拿起城堡，把它扔到地上，瞬间积木散落成无数碎块。接着，她尖叫着大哭起来。这到底是怎么回事？她在试图表达什么？这种情感危机的意义在哪里？让我们来分析一下她的行为。

A 行为前因 （发生在我们观察的行为之前的事情）	B 目标行为 （您的孩子做出的不良行为）	C 行为后果 （发生在我们观察的行为之后的事情）
爱丽丝正在和妈妈一起搭积木。这时，小妹妹路易莎抽泣着找妈妈。妈妈到路易莎身边安慰她	爱丽丝双脚跺地，拿起快要完工的城堡，将它扔到地上，积木散落成无数碎块	妈妈离开路易莎，赶紧跑到爱丽丝身边，看看发生了什么事

现在，事情看上去已经清楚多了。爱丽丝在表达嫉妒。在我们成年人看来，爱丽丝的表达方式似乎不妥，可对她来说却十分合适，她在试着表达想要母亲把全部注意力放到自己身上。为什么在她眼中这种行为合适呢？因为她想要获得关注，采用的方式是破坏城堡，并双脚跺地，最后她成功了。我们尝试思考这一点，如果爱丽丝用平静的语气有礼貌地对妈妈说："妈妈，我嫉妒路易莎。请你到我身边，给予我全部的关注。"事情会怎么样呢？妈妈还会这么快就跑回她身边吗？

这为我们本书的第二部分提出了一个很好的问题：我们该拿孩子们的情绪怎么办？

我先试着提前给出几个回答。

首先，我们试着理解：他们想告诉我们什么？他们需要什么？他们在想些什么？什么让他们害怕，什么让他们陷入困境，又是什么引发了他们的焦虑？接着，我们也试着观察大人身上发生了什么。作为父母，你的大脑里掠过了些什么？你在担心些什么？你在想些什么？是怎样的情绪指导你的教育方法？你做的事情妥当吗，还是说你能寻求更合适的方法？为什么妈妈会跑到爱丽丝身边？妈妈非常爱自己的两个女儿，可当大女儿因为内心嫉妒而毁掉城堡时，妈妈又是怎么做的？她立刻跑向了她。妈妈可能没有意识到，可她的行为似乎在说：

“爱丽丝，我劝你啊，当你嫉妒的时候，当你感觉不舒服的时候，当你想要得到关注的时候，就把乐高积木高高地扔到天上，大声尖叫，使劲跺脚，这样我就会立刻回到你身边。”

或许妈妈可以试着做得更好一些。

关于头脑与心灵、情感与理智之间的斗争是永恒的，我推荐你观看由瑞林艺术与设计学院（Ringling College of Art and Design）制作的动画影片《理性大脑与感性大脑》（*Rational brain vs emotional brain*），情节十分精彩。这是一部关于追求爱的作品，揭示了无论在何种场景下都真实存在的一种机制，还描绘了当父母想要凭本能反应，但知道需要保持理性时内心的冲突。

Part 2

第 二 部 分

与情绪共存

第 4 章

认识你自己

◉ 看不见的本质

在这一章中，我会花一些篇幅来聊聊你，而不是你的孩子。当然，跟所有人一样，你也有情绪。我认为你应该先关心一下自己的情绪，然后再照顾孩子的情绪会更容易一些。我们缩小一下范围，我们不关注你所有的情绪，而只专注你作为父母的感受。在我看来，这类情绪可以分为三大类。

第一类是积极情绪：喜悦、温柔、幸福，想要与孩子共度时光的愿望，以及当一切顺利时，与孩子共处时带给你的满足感。当你感受到以上任何一种情绪时，停下来思考一下。这种思考练习能够有效地训练我们对自己感觉的认知，而且过程很愉悦、轻松，从简单的事情入手往往能带来不错的效果。我再重复一遍：当你感受到积极的情绪时，停下来思考一下。感受这些情绪，就像吃冰激凌一样，方法有很多种。你可以心不在焉地吃，边吃边想别的事情；你也可以贪婪地吃，第一个没吃完，就开始想吃第二个。或者，你还可以先观察一小会儿，之后再品尝。你可以好好留意一下草莓的红色是怎么与桃子的粉色搭配到一起的，并试着闻一闻它的味道。在我心中，桃子的香气让我联想到了夏夜，黎明似乎永远不会到来的夏夜。

听一听意大利老牌歌手卢西奥·巴提斯蒂（Lucio Battisti）的歌曲《情绪》（*Emozioni*），感受一下最简单的动作（轻声吟唱）能够激发多么强烈的感情。

•••

我们与孩子在一起共度的片刻欢乐时光也是如此。你可以让它匆匆溜走，不留下任何痕迹，不去考虑这样的时刻一旦消失，在当下特定的时间感受到的那种精确的感情就再也回不来了。你也可以观察这种感觉，延长感觉的时间，然后再延长对它的记忆。到了晚上，当你和孩子沿河散步回来，你可以与孩子分享自己的感受：“乔治，今天过得真不错，是不是？”

游戏本该带给人们一些积极的情绪，例如愉悦、高兴。当然，如果游戏输掉了，也会产生一些消极的情绪，例如愤怒、失望和悲伤。当你和孩子游戏时，一定要投入其中，和孩子分享感受，比如，可以这样说：“乔治，今天过得真不错，是不是？”

当你感受到一些积极的情绪时，停下来思考一下，不要让它在不知不觉间溜走，不要让它在你体内留不下任何痕迹。我再次重复一下，我在这一点上十分坚持，并一直在强调，因为我们经常在这里栽跟头。当黎明的第一缕曙光照亮我们的房间时，我们起床，打开窗户，把孩子们唤醒，去厨房打开咖啡机，做一杯摩卡（今天的第一杯，也是最好的一杯咖啡）。浓郁的咖啡香气弥漫在房间里，孩子们对着我们微笑，虽然有些事情我们根本没留意到：时钟、淋浴、学校，还有早上需要做的工作和下班后等着我们解决的小麻烦。我们在第1章中提到了关于“眼镜蛇”的例子。试着不要掉入这样的陷阱，无论是你与孩子共度短短几分钟的宁静时光，还是快乐地玩了一下午。我们对被眼镜蛇咬伤带来的恐惧、焦虑、愤怒，对犯错带来的挫败感等，会时常以某种不受控制的力量打击到我们，而那些平静、安稳的时光也会静静流逝，不会在我们体内留下任何痕迹。

多么可惜，多么浪费。

我们人类生来如此，但是我们可以做一些改观。积极的情绪虽然短暂，通常不免短暂（意大利著名诗人蒙塔莱这样写道：“幸福，为了你，多少人在刀斧丛中走险？”），但是在面对它们时，我们要不断思考和反思，并且意识到它。学会表达情绪，能够得到两个好处：能够触碰到你的内心世界，同时教给孩子如何表达他的情绪。

餐厅老板在猫途鹰（Trip advisor）网站上对顾客评价做出的回应，给我留下了很深的印象。当出现负面评价时，餐厅老板往往会做出回应，为自己辩护、反击——也许老板们没有意识到，这种做法反而让读者看到双重否定的评价。但问题是，当得到好评时，老板却并不回复。在我与很多父母的面谈中，类似的事情时常发生。爸爸妈妈们总是把孩子所有的问题和他们的烦恼一股脑儿倒出来，常常带着一肚子负面情绪。到此为止，这一切还情有可原，因为你去看医生就是为了将存在的问题说出来。但是，当谈话中出现小插曲，涌现积极的情绪，例如喜悦出现时，它却往往被忽略，并在沉默中悄悄溜走，就像暴食者吃冰激凌或是麻木的玩家赢得胜利一样。有时，当我指出这一点时，他们的回答是：对，没错，但积极的插曲很少发生……正是！它们就像黄金，之所以珍贵，就是因为十分稀有。有时，幸运的是，刚好相反，他们会跟我说："积极的片段出现得太频繁了……"这似乎是理所当然，他们已经习以为常了。就算是生命之源——水资源，在一些国家非常丰富，很容易看到（江、河、湖、海等）。所以呢？这就是它不那么重要的原因吗？我们就该忽略它吗？我们可以没有它吗？

◉ 所有彩虹的颜色

父母能够感受到的第二类情绪是负面情绪。

对某些负面情绪来说，父母可以尝试做些努力，那就是首先学会识别这些情绪，而不是压制它们。例如愤怒。你已经失去了理智，呵斥的话语脱口而出，甚至说出了很快就会后悔的话（若是你没有给这些话正当的理由）。试着问问自己，为什么会这样？试着理解发生了什么。你会发现，通常首先出现在你脑海里的理由是外部的："我很生气，因为我的儿子马西莫惹我／因为他不听我的话／因为他顶嘴／因为他一下午都在浪费时间，到了晚上作业还没写／因为我喊了他一百次，他还不刷牙……”不过，慢慢地，你也开始意识到，事情并不总是这样（不仅是这样）。我们既然已经开始聊起它了，那就继续聊下去。在这其中，有一些我们能够（冷静地、理智地）反思的内在动机，或许还能对它们进行干预。

挫败和好斗之间存在一定的关系。你希望马西莫能够主动写完作业，因此当他在这方面令你失望时，你的愤怒就变得无法抑制了。或者，你已经跟他解释了很多次该如何同一个大人说话，但是当他顶嘴时，你难以抑制地失去了控制。换句话说，当你内心有期望，但是期望受挫时，你就会变得咄咄逼人。

接着便是非理性想法的出现，这一点我们在第2章中已经了解了。这类想法之所以被称为“非理性”，是因为它们是错误的，不过使得这些想法变得危险的原因并非它们是错误的，而是它们会造成伤害。它们就像潜伏进我们大脑中的病毒，我们常常意识不到它们的存在。这类想法通常包含诸如“必须”“无法忍受”“灾难”“绝对”之类的字眼。举一个非理性想法的例子：“马西莫今天必须学会自己写作业。”真的是这样吗？显然不是。事实是，如果马西莫学会了自己写作业，这无疑是一桩好事，但是他不一定“必须”去学，更别说必须今天了。还有一句：“儿子这么跟我说话，我简直无法忍受。

若是他在课堂上也这么说，那就是一场大灾难。”真的是这样吗？答案同样是否定的。的确，如果孩子很有教养，肯定是一件好事。而且如果他在学校表现很差，肯定是个大问题，这也是真的，但这也无法与里氏7级大地震的灾难相提并论。你是不是已经注意到了，这些非理性想法是如何使你的情绪变得消极，增加你的愤怒和攻击性，并最终让你忍受痛苦的了？

最后，还有一种二元思维模式。二元思维是非常不可取的。马西莫的回答很糟糕，所以你认为他很粗鲁。周四下午，他没有自己写作业，你认为他一无是处。你一遍又一遍地催他来吃饭，你认为自己是一个不称职的家长。二元思维模式是这样的：要么全有，要么全无；不是黑的，就是白的；要么对，要么错。它们似乎是故意用来制造焦虑、悲伤和愤怒的，有时甚至制造了绝望。

“我的孩子从来不听话”，让他去买玩具，他也不听话吗？

“我的孩子总是依赖我”，难道他吃饭也要你喂吗？

“我的孩子从来不睡觉／他什么都不吃”，那他不早就死了？

如果你在上文中看到了自己的影子，试着遵循苏格拉底的建议，“认识你自己”——试着审视自己的内心，用更为深刻的反思取代自动思维。不要总认为事情非黑即白，去寻找彩虹的色彩。这个比喻的意思是说，不要将自己局限在单一的判断上，而是更多地训练自己去关注有阴影的地方。或许，这样一来，马西莫发泄在你身上的负面情绪也会有所减轻，这是因为你的愤怒被稀释，你的伤心更容易忍受了。

有一次，一位父亲对我说："我想，我明白了为什么我在管教儿子时会失控，有时候甚至会体罚他，最后我还不得不在悔恨和痛苦中请求他的原谅。这是因为，我认为自己必须成为一个完美的家长。但是，完美本就不存在于这个世界。我可以试着做一个更好的家长，一个不那么容易失去耐心的家长，一个不动手只动嘴的家长。"

◉ 战争还是和平？

处理潜在的情绪和想法并不总是行得通，甚至有时并不可取。现在，我们一起来看看父母能够感受到的第三类情绪：与客观事实相关的情绪。这类情绪并不由我们来决定，遇到这类情况，我们需要改变策略。

"你的孩子很任性，是真的任性。"这个评价并非在给孩子贴标签，可是你的想法可能会强化这个事实，让你看到的比真实情况更加黑暗，更何况这个事实的确存在。所有儿童并不完全相同，若孩子没有真正的疾病（问题），他们的性格大多取决于各自的气质。有时，父母会因为孩子过于好动、难以管教、十分对立而找我，而当我与父母双方共同探寻孩子的故事时，我发现孩子的某些行为从医院的育婴室里就开始出现了，也就是说，从出生那一刻就是这样。

实际的情况可能更为复杂。例如，你的孩子有学习障碍。无论是你、孩子，还是医生、语言治疗师和心理咨询师付出多大的努力，他还是比同龄的孩子阅读得更费力、更缓慢。或者，孩子患有某种慢性疾病。疾病真真切切地就在那里，不仅能引发症状，带来不适和痛苦，还能从临床检查的结果中看到，无论你的想法或感受如何，结果就摆在那里——这是真的。

我所举的这些例子引发的想法和情绪都是无法改变的，而且在这类情况下，尝试改变它们并没有用，反而有害。如果有人跟你说，其实你的孩子也没有那么任性，那可能只是你自己的感觉。你必须反对这种观点，因为这不理智，对你没有好处，对你的孩子也没有好处。假设当你面对孩子的阅读障碍或哮喘疾病时，有人建议你别多想，那么情况反而会更加糟糕。

事实是，孩子的阅读障碍让你难过，他的哮喘也让你十分担忧。就是这样。一个人出现这样的情绪十分正常，这是无法避免的。

所以呢？面对这样的情况，你还能做些什么？

你可以挑起战争。但是战争会消耗你，令你筋疲力尽，你用尽所有的力气射出所有的子弹，投下所有的炸弹，却将你与孩子的关系拉得越来越远。

当母亲选择发动战争时，母女之间的关系会有怎样的变化呢？你可以选择观看动画电影《勇敢传说》（*Brave*）来解惑。

• • •

此外，你最终会被击败。就算是我们有“战争”要打，但这却不是其中之一。我们无法战胜独立于我们之外的事物，更无法战胜我们的思想。我们无法关闭自己的想法，我们不能不去想“北极熊”，也不可避免地会去想潜伏在我们周遭生活中的“眼镜蛇”，这两个在第1章的最后一篇中介绍的案例。

或者，你可以试着和解。和解的意思是接纳。

接纳并非一种消极、放弃的态度。接纳是既保有科学家的好奇心，又保有神秘主义者的怜悯心。如果你孩子的情绪在你身上引发了负面情绪，首先你要做的是试着改变这个现状，要面对它，如果有可能的话，去解决它。之后，努力感受孩子给你带来的所有积极情绪。试着分析那些负面情绪，仔细看看那些情绪是不是由扭曲的、非理性的、过分严格的想法导致的，如果是的话，努力做出改变。最后，当你完成以上这一切，但还是有一些情绪留在那里，盘旋在你的脑海中，你无法改变它们，也无法消除它们，那你应该开始仔细地、近距离地审视它们，而不是将它们推开。你要带着好奇心、带着兴趣去审视它们。我并不是说要跟它们成为朋友，而是要试着与它们共存。观察你的内心，如果你的孩子患有多动症、阅读障碍、焦虑症或是哮喘，你内心真正的想法是什么。通过这个方式，你会慢慢发现，那些负面情绪也没有那么糟糕、那么强烈，这就像那些恐惧电梯的人，找到靠近电梯门的勇气，努力按下按键召来电梯，进入电梯内部，看看它到底是如何运行的……观察这些情况是如何让自己如此害怕的。研究一下与这些情绪相关的词汇（例如，“事情永远都不会变好了”），反思一下，这些其实只是一些文字：你可以在内心接纳它们。让你感觉糟糕的并不是它们。或许，你会慢慢意识到，最让你备受煎熬的是，你费尽心机地尝试着想要将它们驱赶，却屡屡失败。虽然有些话很可怕，但是我知道当人类害怕时，常常会挑起“战争”。乍一看，这一断言似乎有些冒进，却有许多事实能够佐证。因此，很可能发生这样的事情，例如，如果你的孩子太淘气，你会害怕他将你拖进与这种情绪的对抗中。

在距离你的房子几步之遥的地方，住下了一些外国人。他们跟你大不相同。他们丑陋不堪，面相凶恶。你认为他们只会给你带来麻烦，这样的想法让你十分忧虑。出于这样的原因，你决定想方设法阻挠他们，和他们对着干。也正因为如此，造成了很多冲突和痛苦。请冷静，三思而后行。难道就没有别的解决方法了吗？你可以试着去了解他们，试着理解他们的习惯，慢慢地学习他们的语言。你还可以尝试用心去感受，试着理解他们（这就是我刚刚提到的科学家的好奇心），然后试着接受他们的存在。

面对你无法改变的想法和情绪，你也可以用同样的方法来处理：不要妄加评判他人，不要妄加评判自己。首先，以怜悯的心倾听自己的内心（这就是我为什么提到神秘主义者的怜悯心）。之后，谨慎，保持冷静，不要冲动，不要仓皇行动，因为免去一场无用的“流血战争”节省下的能量，能够帮助你好好陪伴自己的孩子。即使孩子不听话，或是生病了，你仍然可以同他一起度过许多美好的时光。但是如果你任由愤怒蒙蔽自己的双眼，你就看不到那些本应存在的美好了。

试着怜悯一些，首先对自己怜悯，然后对自己的想法怜悯。

“我是个无能的父亲。”

“我耗尽了耐心。”

“我毫无权威。”

你可以这么跟自己说，知道吗？你也可以这样想。你可以允许这种想法出现。这并不会造成任何无法挽回的事情发生。我们应该试着推翻电影中的俗套，即当警察在逮捕犯罪嫌疑人时，会对犯罪嫌疑人说这样的话：“你所说的一切，都将成为呈堂证供。”不要担心，你并不是犯罪嫌疑人。

前段时间，我观察了一位父亲，他的孩子叛逆又挑衅。在我的观察中，我发现父亲的某些行为让我颇感困惑。我非常苦闷，因为这些行为让我很难定义和理解。我持续观察这位父亲的行为。他似乎什么都没有做错，没有任何负面的东西，没有任何不好的东西……这就是重点。最后，我明白了：这个男人看上去什么都没做，他离孩子很远，他回避着这个小家伙，非常微妙，不易察觉。他不看孩子，也注意不到他。他尝试着忽略孩子、忽略孩子的问题，但这是不可能的尝试。或许就是在这种尝试中，他的精力被一点点耗尽。后来，当他放弃回避孩子的行为，他看到了。他看到了自己的儿子，看到了儿子的不当行为，也看到了儿子的潜力，以及他们本能够一起去做的许多美好的事情。

关于这方面，我推荐你看电影《地球上的星星》中的一个片段：老师向父母解释他们的孩子有阅读障碍的场景。父亲的反应尤其典型，他很好地说明了他害怕承认自己的儿子有问题，而且为此感到十分焦虑。还有一部启发我们思考的影片，《我的兄弟追逐恐龙》（*Mio fratello rincorre i dinosauri*）。这部电影的主角是一个小男孩，而不是他的父母，故事讲述的是一个少年拒绝接受患有唐氏综合征的弟弟，甚至告诉好友们，弟弟已经死了，但是最终少年接受了弟弟，并看到了弟弟美好、积极的一面。

◉ 蜜蜂蜇人还是授粉？取决于你的看法

在前文中，我第一次提到了ABC的方法。在这里，我们会看到它的一个变体，为了避免混淆，我给它取了一个新名字：

APE（意大利语中“蜜蜂”的意思）。

我们通常认为情绪是由事件导致的，例如你的儿子听话，于是你高兴；你的儿子不听话，于是你生气。但其实并没有这么简单。外部的事件会激发想法，随后想法会制造情绪。

我们回到马西莫的例子上：你喊了他上百次，他才慢吞吞地来到桌前吃饭，为此你对他十分气恼。现在，你全然没有了胃口。你责骂他，对他说了很不愉快的话，然后你慢慢感觉到，愤怒逐渐让位于深深的悲伤和无力感。这场情绪的暴风雨过去后，晚饭开始了，每个人都默默咀嚼着，静静地等待晚饭结束，以便能够回去做自己的事情。乍一看，很容易认为是男孩的行为让你感觉如此糟糕，但是或许我们可以利用一个工具来看，就像把东西放到放大镜下观察一样，仔细研究每一个细节。学者们将这个工具称为“ABC认知理论”，但是为了避免与我们在第3章中提到的ABC混淆，我建议将它称作APE（蜜蜂）。A代表诱发事件（Antecedent），P代表思想、信念、信仰（Pensee），E代表产生的情绪后果（Emotion）。我选择这三个字母也是有原因的。

这是一个春日的早晨，你正在度假。你来到酒店的花园里，这里绿树成荫，花团锦簇，你正准备美美地享用一顿早餐。这时，一只不识趣的蜜蜂开始围着你打转，这可把你吓坏了。你想要把蜜蜂赶走，可它变得更凶了，你也越来越害怕。最后，你端起准备好的拿铁咖啡，匆匆喝完，你的早餐就这么毁了。这个场景也是一样，乍一看是蜜蜂激发了你的恐惧。但是，我们还可以更细致地分析到底发生了什么。当你吃早饭时，发生了一件事，我们称这件事为诱发事件A——一只昆虫开始围着你的桌子嗡嗡嗡地打转。这件事并没有直接引发你的情绪，但是它让你产生了一个想法，我们将其称为P——你心里想着："这是一只蜜蜂，它会蜇伤我……"正是这个想法激发了你的情绪（E）："……所以我很害怕。"对心理学家来说，这些可都不是好玩的文字游戏，也不是将简单的事情复杂化。这里的P非常重要，因为虽然这个想法对你来说十分明显，但是如果P不同，事情的后果可能也会截然不同。例如，当你吃早餐时，一只蜜蜂飞来了（A），你认为（P），春天到了，小昆虫们飞来飞去是为了给花朵授粉，为了创造新的生命；你还会认为，如果让蜜蜂自由飞翔，不去打扰它，它也不会蜇伤你，因为它还有别的事情要做。如果你这样看待事情，那么很可能你就不会感到恐惧（E），而是轻松、安静地在花园里吃完早餐。我们试着将APE的模式应用到马西莫的例子中。

APE表格1

阶段 \ APE 认知	A （诱发事件）	P （信念）	E （情绪后果）
阶段 1	为了让马西莫上桌吃饭，你喊了他很多次	你认为你的儿子有什么不对劲，他成天只会惹你生气，让你每天无时无刻不在遭罪	感到生气
阶段 2	因此，当他来到桌前时，你会严厉地责骂他，用那些你可能会后悔的话语来发泄自己的愤怒，虽然当你宣泄时就已经发现，这些话太刺耳，但是你已经无法控制自己	你认为自己做父母很糟糕，没有能力平静地教育孩子	感到伤心

仔细观察这张表格。或许你无法改变A，至少今天不能改变，因为这不由你来决定：你叫了马西莫一遍又一遍之后，他很晚才来到桌前。但相反，你可以改变P。心理学家将这类想法称为“自动思维”（Automatic Thoughts），因为这类思维似乎是自动出现的，似乎是无意识的，与我们自己的意志无关。蜜蜂会怎么样？蜇人。飞机会怎么样？坠毁。马西莫会怎

么样？挑衅。避免它出现的“诀窍”是什么？我不想给你一种很容易操作的错觉。它很难操作，但是有可能实现，那就是试着打断这种自动化思维。没错，我们认同蜜蜂有时会蜇人，飞机有时会坠毁（虽然概率远比我们想的、比我们为之焦虑的要低），但它们也能做其他事情：蜜蜂飞翔，为花朵授粉，将新生命带去别处；飞机将乘客从一处运送到另一处。

来看看下面的新模式：

APE表格2

APE 认知 / 阶段	A（诱发事件）	P（信念）	E（情绪后果）
阶段 1	为了让马西莫上桌吃饭，你喊了他很多次	你认为教育孩子需要很多耐心和热情，这项工作非常难。但既然他是你的儿子，你愿意试一试，你为他好，最终一定会有好结果	你感到一丝宽慰

续表

APE 认知 阶段	A （诱发事件）	P （信念）	E （情绪后果）
阶段 2	当孩子来到桌前时，你批评了他。你跟他说，下次晚饭准备好了，他就得坐过来吃饭，不要让别人叫上一百次。你还跟他说，现在你感觉非常满足，因为一家人能坐在一起，不过还有一些事情要做，因为他还没学会听话	你认为这会很难，因为就算是做父母的，也会犯一大堆错误，像马西莫这样的孩子，不免也会犯错，但是你会尽力为他做到最好	你感觉有些放松了

我知道，我知道。我似乎看到你皱起了眉头，你认为新模式里描述的当然是好话，但事实却是……

“事实”是这些想法都是自动的，它们会自动出现。没错，要不然心理学家怎么会这样称呼它们呢？虽然它们自动出现，但是对我们并没有帮助。这就是为什么需要我们改变。尽管速度很慢，但我们可以一点点地改变，至少改变那些可以改变的。我们已经看到了，当你还停留在前文提到的“认为蜜蜂只会蜇伤你”的思维定式中时，你的早餐是怎样匆匆结束的。我们也看到了，当你以为马西莫只会干坏事，毁了你的生活时，你的晚餐是如何结束的。改变虽然很困难，但是却能产生实质性的结果——在你和你的孩子之间。

另外，这些想法影响了情绪，而情绪反过来又影响了行为，两者不可分割，随即恶性循环便开始了。我们试着将前一章讲到的ABC模式与本章的APE模式交叉展示。

再来看一下APE表格3，我把它放到了下面。

APE表格3

APE认知 阶段	A （诱发事件）	P （信念）	E （情绪后果）
阶段1	为了让马西莫上桌吃饭，你喊了他很多次	你认为你的儿子有什么不对劲，他成天只会惹你生气，让你每天无时无刻不在遭罪	感到生气
阶段2	因此，当他来到桌前时，你会严厉地责骂他，用那些你可能会后悔的话语来发泄自己的愤怒，虽然当你宣泄时就已经发现，这些话太刺耳，但是你无法控制自己	你认为自己做父母很糟糕，没有能力平静地教育孩子	感到伤心

现在，我们试着做一张马西莫行为的ABC表格。

ABC表格1

ABC认知 / 阶段	A（行为前因）	B（目标行为）	C（行为后果）
阶段 1	马西莫被叫吃饭已经第十次了	他来到桌子旁	他被狠狠地责骂，还遭到了一些暴力惩罚
阶段 2	他被狠狠地责骂，还遭到了一些暴力惩罚	他吃晚饭时，一言不发，脑袋几乎埋进盘子里	这顿晚饭所有人都不愉快

你知道会发生什么事了吧？最后，虽然没有用最好的方式，但孩子终究来到了桌旁。这种行为的后果是什么？他受到了惩罚。

你知道受到系统性惩罚后，会有什么行为出现吗？他会倾向于更少表现这样的行为。

于是，小家伙的脑海里出现了这样的想法：“我不要跟父母一起吃饭了，根本没什么好处。”如果马西莫决心一以贯之地坚持这条路，那么最终的结果是，他不会再跟父母共进晚餐，这对所有人来说都是痛苦的。

让我们倒一下带。

我们再来看APE表格4，我也把它放到了下面。

APE表格4

阶段＼APE 认知	A（诱发事件）	P（信念）	E（情绪后果）
阶段 1	为了让马西莫上桌吃饭，你喊了他很多次	你认为教育孩子需要很多耐心和很多决心，这项工作非常难。但既然他是你的儿子，你愿意试一试，你为他好，最终一定会有好结果的	你感到一丝宽慰
阶段 2	当孩子来到桌前时，你批评了他。你跟他说，下次晚饭准备好了，他就得坐过来吃饭，不要让别人叫上一百次。你还跟他说，现在你感觉非常满足，因为一家人能坐在一起，不过还有一些事情要做，因为他还没学会听话	你认为这会很难，因为就算是做父母的，也会犯一大堆错误，像马西莫这样的孩子，不免也会犯错，但是你会尽力为他做到最好	你感觉有些放松了

现在，我们来看一下ABC的结果会有什么不同。

ABC表格2

ABC 认知 / 阶段	A（行为前因）	B（目标行为）	C（行为后果）
阶段 1	为了叫马西莫来吃饭，你得叫他很多次	他来到桌旁	你批评了他，但是同时也跟他说，能够一家人一起吃饭真好
阶段 2	马西莫被批评了，但是也听到了你的话：能够一家人一起吃饭真好	马西莫吃饭时，感受到了坐在旁边的父母给予的温暖	晚餐对所有人来说都是愉快的

你知道与前一次相比，这次发生的事情有什么不同吗？虽然这不是最好的方式，但至少儿子来吃晚饭了。他行为的后果是什么？一些好言好语，接纳他的话，还有理解、温暖和帮助：虽然没有送他一部手机当作礼物，却产生了小小的、积极的后果。产生积极后果会给孩子带来什么样的影响呢？可能会让孩子在未来继续出现积极的行为。

我不喜欢看似甜腻的美好结局，尤其是当它看着就很虚假时。我不会告诉你，从现在开始，马西莫只要一被叫就会去吃饭，你们也会一起度过一个美好的夜晚。我很开心地观察到，现在马西莫的脑海里可能不再有不想和父母共进晚餐的想法了，因为这样做没什么好处。如果你有足够的决心，一以贯之地坚持这条道路，那么你的孩子很快就会变得听话，虽然可能有点不情愿，但是有时晚餐时光可能要比你想象中过得平静和顺利。

第5章

真正地倾听

◉ 评判并非倾听

萨拉是一个害羞又内向的女孩。她快17岁了，十分聪明，看上去比同龄人要小一些。但是她又有些笨拙，尤其是在社交和人际关系上显得不太成熟。萨拉几乎没有要好的朋友，勉强只有一两个能和她出去玩的人，而他们要么是比她小的女孩，要么是大人，似乎同他们在一起，萨拉才会感觉自在一些。更确切地说，萨拉觉得自己是一只丑小鸭，她连有一天变成白天鹅的梦都不敢做。萨拉和母亲住在一起。母女俩住在一座大房子里，萨拉的父亲很早就离开了她们，他除了在女儿内心深处割出一道又细又长的痛苦伤疤，似乎什么痕迹都没有留下。

有时，萨拉为了让自己感觉更像个大人，会试着抽上几支烟，但这让她感到很羞愧，所以总是躲起来独自抽烟。不过她又觉得要是没人看见，就无法显出自己的成熟。为了让自己变得更漂亮，萨拉开始严格地节食，以至于最后掉进了进食障碍的陷阱里，但是没人告诉她，她瘦骨嶙峋，显得更不漂亮了。没有任何人告诉她任何事——她是这样告诉自己的。没人跟她说话，没人看到她，也没人注意到她。先不说男生们，对他们来说，萨拉是透明的，况且萨拉肯定是先躲起来的那一个。很少有人邀请她去参加派对，或者带她去喝东西，即便有，她也不会去，她觉得那样太尴尬。寂静和孤独就这样环绕在她的生活中。

有那么几次，萨拉试着跟母亲倾诉衷肠。但母亲似乎不是合适的人选，因为她总是很疲惫，而且她自己也很孤独。母亲必须工作，必须考虑房子的事情，还要想着怎么让这破碎的家庭维持下去。可是，除了母亲，萨拉还有谁可以说话？于是，她鼓起勇气试了几次。

“萨拉，你干吗总是拉着脸？出什么事了吗？”

“我累了，有时候都想直接离开学校。”

“你没疯吧？我们之前付出了那么多，况且还有一年多一点你就毕业了！”

“其实，并不是因为我不喜欢学校，是这里的环境，还有同学……”

没等她说完，妈妈的手机响了，有一条短信。妈妈的心思跑到了别处。这个“别处”起码有两处：一是工作，情况并不好，因为妈妈担心工作调动；还有一处是戴维德，妈妈和他的关系发展得并不顺利，跟以往许多时候一样，这次戴维德问她，可不可以不同他分手，这不是解决他们之间问题的最佳方法。

所以，当女儿跟妈妈说话时，妈妈正读到了戴维德发来的这条信息，她正在考虑这种后果对自己的影响，或许还会对萨拉有影响。

“可是，如果你喜欢学校，而且你的成绩也很好，”妈妈一边读着短信，一边回答，“你怎么会想到要离开学校呢？”

萨拉沉默了。

“这肯定是个愚蠢的想法。”妈妈继续说道。

当然，小姑娘也继续保持着沉默——要不然，她还能说些什么呢?

“可能只是一时感觉累了，这很正常。继续坚持。”

“嗯。”

“今年还有几个月，明年就是最后一年了。”

这时，手机再次响起，来了一条新消息。

"好了，别再想这些有的没的了。你就别再给我制造问题了，好不好？"

萨拉沉默了。

"你理解我说的了吗？"

"嗯。"

"你怎么不说话了？"

"……"

"算了，你也没什么可说的。"

"你说得对。"

妈妈只好耸了耸肩，说道："别用阴阳怪气的方式表示同意。"

后来，妈妈回到工作岗位上，向一位同事吐苦水："我不能再跟我女儿说话了。我都不知道该跟她说些什么，我也不知道该怎么办了。"

同事回答她："过了这个年纪就好了。"

"希望如此……"

有一次，我和一位同事参加一场会议。对于如何与他人沟通，同事的看法是："我们首先要关心的不该是如何与他人交谈，而是倾听。"

有时，我们需要倾听的可能不是话语，而是音乐。在某天下午，你的儿子突然双眼放光，被某种美妙的东西所吸引，本应在做作业的他，这时从他的小卧室走出来，对你说："听听，这首歌怎么这么好听。"

他对你没有什么特别的要求。他没有请爱好音乐的你做出评论，也没有要求你把那位歌手的所有CD都找给他，他只是邀请你和他一起听听那首歌。这时，不要对他说你很忙；不要一边看着报纸，一边听他推荐的音乐；不要批评他怎么不做作业了；不要告诉他，在你的那个年代，歌曲里至少有一些旋律，歌词至少表达了一些感情。

其实，他只是想让你听听那首歌。

你听就好了。此刻，听就是全部。静静地听，专注地听。你可以时不时看看他的眼睛，让自己注意到他眼里的热情，虽然你可能无法理解。等待歌声落下，再与孩子分享，即便只是通过一个眼神，也要与他分享他可能感受到的情绪。稍后，你会有时间重新阅读报纸，并履行你作为父母的职责，即提醒他做作业的重要性；也有时间与他分享你的音乐偏好，还能试着向他推荐你喜欢的音乐；你甚至还有时间回忆你的青少年时代，那可是一段相当美好的时光，远比儿子现在听的说唱要有趣得多；你还可以做你想做的事情，你认为正确的事情，你可以表达你的想法和感受。但现在你要做的就是一件非常简单的事情（表面看十分简单，实际上却是最难的事情之一）：听，和孩子一起听那首歌。

萨拉的妈妈忙着处理自己的工作、财务和情感问题，忙得焦头烂额；你则受困于自己对当代音乐匆忙、草率的负面评价，以及对孩子现在的生活方式的无法理解。所以，无论是你，还是萨拉的妈妈，你们对待听的态度都是三心二意，身在曹营心在汉，更为糟糕的是，你的心思还放在自己的问题上，而不是解决孩子的问题。你们一个在回忆离去的男人，一个在缅怀青春时代的歌曲（你毫不留情地将其定义为最美妙的歌曲），而不是放在孩子告诉你们的事情上，比如，孩子请你们听的音乐，想与你们分享的东西，等等。最后的结果是，你的不倾听，在你和孩子之间竖起了一处障碍、一个边界、一堵高墙。

在继续阅读之前，我要澄清两件事情。

第一件要澄清的事情是，“高墙”有时是必要的。有一种夸张的说法：我们应该建造桥梁，而不是墙壁。这句话让我很困惑。如果在我们中间出现了一条湍急的河流，将我们与另一侧的孩子分开，我们当然要架设一座桥梁。我们还可以接受——即使对面是我们认为的敌人，我们也可以努力架设一座桥梁，以跨越边界，获得相互的理解。但是，如果我们需要在一个地方度过黑夜，或者平静地生活，我们最好的选择是睡在房子的四壁之下，而不是桥洞里。因此，我想借这个隐喻表达的是，有时候有必要告诉萨拉和你的孩子，去学习，不要总是找借口，编造一些故事。我们有时需要桥梁，有时需要墙壁。我们该听的时候需要听，该说话的时候需要说话。之后我们还会继续解释这一点。

第二件要澄清的事情是，积极、专注、移情地听，并不容易。这一点我非常清楚。因为这对我来说不容易，对你和萨拉的母亲来说，也相当不容易。不容易的原因是，我们都有自己的工作、自己的问题、自己的偏见，以及永远警醒的大脑，还有前文提到的潜伏在某处不断努力向我们发出警告的“眼镜蛇”案例，虽然它对我们的生存来说十分有用，但是对我们的家庭关系来说却非常有害。虽然要做到这些并不容易，但是我们可以尝试。这也是我在接下来的文章中努力尝试要做的事情，我会耐心且不加评判地，努力同你们在一起。

◉ 我懂你在说什么

我们试着回顾萨拉和母亲的对话，想象一个不一样的场景。

“萨拉，你干吗总是拉着脸？出什么事了吗？”

“我累了，有时候都想直接离开学校。”

“你应该是真累了。”

“对。我每天早上穿衣服的时候，收拾东西的时候，还有在教室里的时候，都能感觉到那种气氛……”

“那种气氛……”

“阴沉、灰暗。根本没人看我一眼。”

“没人听你说话。”

“没人。我很孤单。”

“所以你干脆不想去上课了。”

“对，我不想去，因为上学不仅是为了学习，还是为了交朋友，大家能在一起开心地玩。”

“我觉得我懂你了。这种感觉非常难受。”

发生了什么？很明显，萨拉的母亲做了一件非常简单的事情，就连鹦鹉都能做到。萨拉说：“我累了。”于是，妈妈回答：“你应该是真累了。”萨拉说：“那种气氛……”于是，妈妈重复：“那种气氛……”萨拉说，她不想进教室上课了，于是妈妈只是回答她懂了。事实上，这种回应比看上去的要复杂许多（而且比鹦鹉能做的要复杂许多）。为了将这简短的对话维持下去，妈妈必须做到许多事情。

◉ 倾听

在上面这段对话中，萨拉的妈妈首先要做的事情是倾听。如果我们的眼睛紧紧盯着手机屏幕，大脑里正忙着去想刚才收到的信息是什么意思，这种状态恐怕很难重复别人刚跟我们说的话。但是如果我们给予对方所有的关注，积极地倾听对方，并让对方感受到我们发自内心地、真正地对他的话感兴趣，那么可能重复起来就没那么难了。

“你应该是真累了。”

在这个例子中，积极地倾听，即深度地参与，能够产生专业人士所称的反射性反应（Reflex Response）。反射性反应本质上在于重复对方告诉你的话，这种做法通常能够产生激活交流、增强交流的效果，鼓励对话者继续刚刚的对话。

我们再来重复一下在第一个版本中萨拉与母亲刚开始的对话。

“我累了，有时候都想直接离开学校。”

“你没疯吧？我们之前付出了那么多，况且还有一年多一点你就毕业了！”

评判阻碍了交流。

现在，我们来读第二个版本。

“我累了，有时候都想直接离开学校。”

“你应该是真累了。”

反射性反应“孤立”了萨拉，使她从悲伤中抽离了出来。如果她的疲惫得到认可，那么她或许有勇气将对话继续下去，讲述自己其他的事情。

这种特殊类型的反射称为对内容的反射性反应，即反射信息的内容，也就是反射对话者所说的内容，无须进行解释，也无须添加任何内容。这是最简单的反射性反应的形式，所以我们就从这里开始。我们接收到孩子的话，重复一遍，再反射回去，就像投射在一面镜子上一样。

◉ 停止评判

如果萨拉的妈妈想真正与女儿交流，那么她要做的第二件事便是停止评判。如果妈妈的注意力没有集中在女儿说的事情上，而是把注意力放在为了女儿上学不得已做出的牺牲上，那么要做到倾听的确非常困难。同样的道理，如果你的注意力没有集中在孩子向你推荐的歌曲上，而是在拿过去的美好旋律和今天大同小异的节奏进行对比，那么要做到倾听也是非常困难的。

我们来对比一下："可是，如果你喜欢学校，而且你的成绩也很好，你怎么会想到要离开学校呢""没人听你说话。……所以你干脆不想去上课了"这两个句子。

现在，想象一下，这两个句子都是对你说的，哪一个句子更能帮助你敞开心扉，表达你的情绪呢？

◉ 接纳

要做的第三件事情是接纳。说到"接纳"这个词，我有必要进一步解释说明。心理学家称之为无条件接纳（Unconditional Acceptance）。无条件接纳意味着专注倾听、不加评判，但怀着同理心接纳对方所说的话。假若在我们的文化中，这些话并不包含危险的含义，那么我要说，我们要怀着怜悯、同情去接纳它。也就是说："我听你说，因为我对你说的话很感兴趣。我试着理解你的话，设身处地为你着想，感受你的感受，痛苦你的痛苦，并且尽我所能地帮助你。如果你同我分享快乐，那么我会尽力感受快乐，我不是仅仅感受一首歌在我身体内唤起的感情，而是感受它在你的身上唤起的情绪。”

带着同理心积极、怜悯、同情地去倾听，它的基础只能是无条件接纳——现在，你可以在这里说你想说的话。我专注地听你说话，我试着理解你，如果可能的话，我会伸出手帮助你。我不会对你所说的话做出评判，我不会因为你这么说而惩罚你，我不会失望地转过身离开你，更不会厌恶你。我们再次引用一下涉案电影的经典台词，我会这么跟你说：“你所说的一切，都不会作为呈堂证供。”

> 你可以在网上观看由丹尼尔·马丁内兹·拉那（Daniel Martínez Lara）和拉法·卡诺·门德兹（Rafa Cano Méndez）共同执导的动画短片《相似》（*Alike*）。这部短片以感人的方式告诉大家，当我们只用成年人的眼光看待孩子，却不真正地睁开双眼、敞开心扉、不加评判地倾听孩子的心声时，孩子身上会产生怎样的变化。

愈加困难：我懂得你的感受

我们再来回顾一下萨拉和母亲的第二个版本的对话。最后两句是这样的：

“对，我不想去，因为上学不仅是为了学习，还是为了交朋友，大家能在一起开心地玩。”

“我觉得我懂你了。这种感觉非常难受。”

让我们想象一下对话会如何进行下去。或许妈妈会循循善诱，慢慢地告诉萨拉：“你感觉伤心、沮丧、痛苦，你想要一个人待着。”在这里，带着同理心积极地倾听，能够让妈妈在女儿混乱又艰难的表达中，通过女儿的语言、行为和面部表情感受到她要传达的情绪，甚至在没有彻底了解的前提下就能做到。现在，母亲的这种反射性反应帮助女儿看到了她的情绪，让女儿感觉自己的情绪被认可了，它们是合理的，是正常的。女儿随后可能会这样想：“妈妈没有评判我说的话，她在努力试着理解我，她就要成功了，或许她做得比我要好。从她口中听到她明白我很伤心、很痛苦，这让我感觉好多了。当然，我感觉伤心和痛苦对我没什么好处，感觉受到大家的喜欢对我有好处。”

从对内容的反射性反应，我们过渡到对情绪的反射性反应。对情绪的反射性反应比较困难，因为内容是孩子一字一句对你说的，但是情绪需要我们一点点地学习观察，通过孩子的话一点点抽丝剥茧来感知。这虽然艰难，却是有回报的。因为每当你设法与孩子沟通，每次设法接纳孩子的感受，他就会立刻感到放松；从中期来看，孩子更乐意告诉你他们的事情，因为他们感觉到自己得到了认可。

到目前为止，我们举的情绪例子都是心理学家称为内化的情绪，也就是说，这些情绪更多地会封闭在内心深处，例如悲伤或是希望自己消失的愿望。而外化的情绪则相反，也就是说，外化的情绪并非通过语言和封闭的行为表现出来，而是更多地表现为针对他人的行为，例如愤怒。

假如你的孩子很焦虑、任性，为一点小事就跳脚、大喊大叫，从客观上来讲，这孩子的确非常气人。甚至有时候你自己都没有意识到，你可以将那一刻的情绪一股脑儿地发泄到孩子身上。你还可以发泄在别人身上，发泄在物品上，或者是你无辜的宠物狗身上。有那么一瞬间，你感觉稍好一些了，仿佛释放了。可是，过不了多久，你就会感觉很难过，你会对自己错误、夸张，还有些莫名其妙的反应后悔不已。又过了一会儿，你的感觉更加糟糕，你意识到你根本没有解决任何问题，甚至把问题变得更加严重了，比最开始让你烦躁的问题更加严重。

但还有一个替代方案。

情绪通常是对称的，也就是说，情绪会互相强化。你因为孩子气人的行为大为恼火，但是在他过激的情绪、他的任性，在他那明显或几乎难以解释的紧张背后，可能也藏着对某件事情的愤怒。但是，如果你反过来冲着他发脾气，你们只会互相激化对方的怒气。相反，如果你试着识别孩子的愤怒，像镜子一样，将孩子的愤怒反射回去，同时给愤怒取个名字，然后教孩子为愤怒命名，学习如何更好地管理愤怒。稍后，我们会解释该怎么做到这一点。但是现在，我们只需要告诉孩子：“你生气了。”等到孩子能够回答你“是的，爸爸，我生气了”时，某些过激的行为就会像魔法一样变少，因为安全阀门开始发挥作用了，于是那个存在潜在风险的高压锅也不会再爆炸了。

注意，即便是积极的情绪也需要被识别和反射。只关注负面情绪则大错特错。不要只在孩子大哭大叫时，和兄弟姐妹愤怒地争吵时，或者莫名其妙地、固执地把自己锁在房间里时，你才关心他。当他对你大笑时，当他因为某件事非常高兴时——虽然你可能觉得这件事很愚蠢或是微不足道，但是在他眼中却十分重要，这时，你也要关注他，因为你足以在他眼中看到光芒。当他想让你听一首让他兴奋的歌曲时，请关注他。

当他对你说："我整个下午都跟朋友们在一起，我们先去了沙滩，然后又去了游戏厅。"请你不要这样回答他："这种过周末的方式可真愚蠢。"更不要这样说："我今天早上问你要不要出去，你还跟我说，你很累，必须学习。"就算你无法理解孩子眉开眼笑的原因，至少也要试着识别出他们所流露出的情绪，并将它们反射回去：

"我看你真的很高兴！"

"是呀，我还是第一次跟弗朗切斯卡和他的朋友一起出去玩。我本来还以为他们不想跟我玩呢，但其实我们玩得可开心了。帕特丽夏也在……"

是啊，帕特丽夏。就算时光匆匆，十多年过去，在模糊的记忆深处，你是否还记得，当你上中学的时候，你和一帮好朋友出去玩，还带上了你之前只能在睡梦中见到的小女孩，这意味着什么？

我们回到萨拉的案例上。如果妈妈能够让女儿把她的感受、她的悲伤、她的恐惧，还有她的矛盾和对独处的强烈需求统统表达出来，虽然不是每一次都能让女儿畅吐心声，虽然可能方法不是最好的（因为这是非常危险的二元思维，我们之前已经提及），但至少有些时候会发挥作用。你尽到了自己的最大努力，对她给予了充分的关注和喜爱，这样就成功了一半。

假如母亲能够关闭手机，虽然大脑里无法关闭；如果她能够抛开大脑深处通常是负面评论的喃喃自语，抛开“眼镜蛇”和各种各样的“蛇”的无休止的警告，将她所有的注意力集中到女儿的想法和语言上，集中到她的面部表情上，集中到她的身体语言和情绪上；如果稍后她能够懂得接纳那些情绪，反射它们，合理化它们（通过这样的语言表达：“当然，你可以有这样的感觉。”），给这些情绪以名称，并且教萨拉对自己此前的漠不关心和脑海中嗡嗡作响的声音做出同样的回应。我相信现在萨拉和母亲已经迈出了相当大的一步。

还差最后一步。

◉ 最后一步

我们再来看萨拉和母亲对话中的其他部分内容。

“对，我不想去，因为上学不仅是为了学习，还是为了交朋友，大家能在一起开心地玩。”

“我觉得我懂你了。这种感觉非常难受。”

“我想放弃一切。”

“你想放弃一切。”

“对，我不想再去上学了，我什么都不想。”

“你很伤心，是吗？”

“非常非常伤心。有时候，我一个人待在房间里，感觉挺好的。”

“一个人待着，旁边没有任何人。”

“很对。”

“你如果很难过，你知道的，你可以对我说。看到你这样，我也非常难受，但我很高兴你能跟我说这些，能向我倾诉。你觉得很难过，是因为感觉没人关心你，是吗？”

“我知道谁也不关心我。”

“在学校里，无论是男生还是女生，他们几乎都看不见你，你感觉很痛苦。”

“在他们眼里，我好像不存在。”

“你觉得在他们眼里，你好像不存在。别人都在聊天，都在玩，而你却在想‘没有人爱我’，这个想法让你觉得非常痛苦。”

“妈妈，我不想再这样生活了。”

“你这么绝望，我都看在眼里。你感觉很伤心、很沮丧、很痛苦，你只想一个人待着。”

有几滴泪水从萨拉的脸颊滑落。

“你现在在想什么？”

“在想爸爸。”

“我也是。”

妈妈关掉了手机，屏幕上留下黑色的背景，仿佛剧院背景幕布上模糊的剪影。妈妈把她的想法——她走到死胡同的工作，还有她与戴维德没头没尾的关系统统抛开，敞开心扉去聆听女儿。

到这里，我们差不多接近尾声了。但是后面的旅程很可能仍然很长。我不想欺骗任何人：在现实生活中，故事一定比我在书中总结得更长。

萨拉的妈妈非常勇敢，也非常有耐心。首先，她认真地听女儿说话，几乎一字不差地重复女儿的话，没有妄加评判，而是试着理解这些话（“所以你干脆不想去上课了。”）。

然后，妈妈一直在专注地倾听，全身心地投入其中，带着同理心去理解，向女儿展示，她就像一面镜子，似乎能够感受和发现她的情绪（“你很伤心，是吗？”）。妈妈让女儿的情绪袒露出来，赋予它们名称，然后以同情和怜悯的态度接纳它们，不需要任何言语，在潜移默化间承认它们，让女儿觉得自己的情绪是合理的、正常的（“你如果很难过，你知道的，你可以对我说。看到你这样，我也非常难受，但我很高兴你能跟我说这些，能向我倾诉。”）。

之后，妈妈为这一切赋予了意义。你还记得我们上一章提到的APE理论吗？通常来说，引发情绪的并非事件本身——至少不会引发那么强烈的情绪。是想法给予情绪以力量，它有时折磨得我们如此痛苦。萨拉的朋友们互相开着玩笑，愉快地玩耍，但是小姑娘却是这样想的：“谁也不关心我。”正是这样的想法让萨拉的每一天都充满了痛苦，或许是绝望。妈妈并没有对女儿说这些，她只是让女儿跟她说一说。她以苏格拉底发问式的方式，让女儿的悲伤浮出水面，慢慢地，女儿也说出了事情的原因。

正是由于这个原因，我才会说，我们已经接近尾声，距离我们旅程的目的地已经非常接近了。

现在，妈妈和女儿都知道了，她们明白了，她们可以尝试做些什么来处理这种情况。萨拉可以试着告诉自己，那些同学不是爸爸，不是所有人都会离她而去，不是所有人都会转身离开，虽然她预测不到谁会这样做，但是如果她想知道，首先要接近他人。或许，萨拉的一些同学让她觉得自己不属于他们，只是因为萨拉自己先离得远远的。“萨拉，”妈妈可以这样建议她，“也许你可以找一个女同学，试着接近她，迈出第一步。”或许还会继续说：“像不去上学这样的话，以后再也不能说了！”就像我之前说过的，有时需要桥梁，有时需要高墙。

说到这里，我意识到，我们现在正行走在异常锋利的刀锋之上。读到这句话，可能有读者生气了，他会想：“我们这不是又回到了原点吗？我们付出了这么多努力，走了这么多弯路，学了这么多专业术语，之后妈妈建议女儿试着和女同学出去，还禁止她出现退学的想法。”

我要说，并不是这么一回事。

我在心理治疗学院任教授课时，谈起过认知重组的概念。认知重组是一个相当漫长、复杂的过程，需要高度互动。如果你想取得好的效果，通常需要经过漫长的时间，付出极大的耐心，最终你看待事物的方式会发生转变。我解释这个概念的课时非常短（只有几小时），是我单向输出（我说，受训者听），内容简单（至少，我试着让内容简单）。在课堂上，我真正解释概念的时间与我应该解释的时间之间有着巨大的鸿沟，这往往让我感觉非常尴尬。最终达到的终点是相同的：学生们都会理解，但不同的是，抵达终点的方式不同。同样，萨拉的妈妈希望带女儿接近一些同学，帮助她继续学业，但是通过对话，最终妈妈并没有将这些强加到女儿身上，而是在了解她的情绪后，让女儿自己想要这么做。

在小男孩马西莫的例子中，我们知道他喜欢发脾气，表现得很愤怒。即便是当你识别出他的愤怒，让他发泄出来，接纳它们并赋予它们名称后，你还是必须要求他以另一种方式表达。你必须让小男孩明白，有些事情能说，有些事情不能说，但最重要的是，有些事情绝对不能做。我们假设他生气了，想要打他的妹妹。他能这样做吗？显然不能。我再说一次，我们有时需要桥梁，有时需要高墙。有一些东西是绝对不能在桥梁上通行的。行为不同于语言。有时，我们需要对行为加以限制。我们再次借用很多影视剧中警察常说的那句话，告诉我们的孩子："你所说的一切，都不会作为呈堂证供。"从而减轻孩子的心理压力。但有时候，我们也会告诉他们："你所做的很多事情，都将成为呈堂证供。"从而让孩子吸取教训。假如你是一名父亲或母亲，你有责任将这一切教给孩子。当然，如果可能的话，请在破坏性情绪爆发之前，或是情绪达到某个高点，你必须强制进行干预之前，将这一切教给孩子。

因此，马西莫与萨拉的情况相同。我可能给人们这样一种印象，即最终到达的终点是相同的：告诉孩子们不应该那样做。所以，我描述的所有那些细小的、艰难和复杂的步骤似乎都毫无用处。而我本来也不用写这一章，你也不用浪费时间来阅读。但是，我认为恰好相反，在这类情况下，没有比"重要的不是目的地，而是旅程”这句话更有说服力了。这趟旅程让我们意识到，是什么在萨拉心中挥之不去，又是什么在马西莫心中翻涌奔腾。我们对情绪的视而不见，使得家长常常强行给出解决方法。这种意识能够指导我们一同寻找答案。

◉ 我们同舟共济

“模仿”（modelling），又叫示范，指的是看到榜样以某种方式表现时发生的学习行为。通过这种方式，人类（尤其是儿童和年轻人）能够学到很多东西。例如，小孩子坐在桌边，看着爸爸妈妈洗手，他们就学会了洗手。青少年会模仿他们的同学或者最喜欢的歌手的穿着，形成一定的穿衣规则和时尚认知。模仿法非常重要，也非常强大，却常常被我们忽略。

大约在40年前，当我刚刚踏上工作岗位，开始从事心理学这项工作时，很多来咨询的父母经常问我一个问题，就是如何处理孩子对电视成瘾（如今电视成瘾实际上已经消失了，不过取而代之的是对电子游戏和智能手机上瘾）。

“可是……医生，我一直都跟他这么讲：‘你待在那儿整整一个下午，为什么不读一本好书呢？’”像这样的话，我一周总能听到好几回。随着谈话的进行，经常会出现这样一个奇怪的小细节，比如，有一位家长非常真诚地建议孩子不要整天看电视，但是这位家长却一回到家就打开电视，不管是吃午饭还是吃晚饭，都一直开着电视，有的时候甚至在沙发上看着电视睡着了。

“你的儿子看到过你读书吗？”我问道。

“呃，很遗憾，我没时间阅读。”这是最常见的答案。

情绪在这一点上也十分相似。如果一个孩子看到自己的父母孤僻、冷漠、疏离和防备，或者看到爸爸总是用大吼大叫发泄自己的愤怒，而不是说“你这种行为令我感到十分气恼”，那么孩子也很难学会表达情绪。

尤其是在孩子的童年时期，父母是非常强大的榜样。假如孩子考试成绩很差，他拿着成绩单回到家里后，爸爸或妈妈垂下双眼，看向别处，固执而高傲地将自己封闭在沉默中，或者把孩子一个人抛在一边，去做别的事情，那么小家伙也会学着回避情绪，就像他看到妈妈害怕狗，他也会害怕狗一样。如果大人不做什么，只是简单地对他说一句“我感到非常失望”，那该会有多大的不同呀。

瞧瞧，当妈妈在大街上碰上了朋友的小狗，伸出手爱怜地抚摸它时，孩子是用多么热切的眼神看着呀。他看得那么专注、那么认真，仔细研究着母亲脸上平静的表情。继续观察，你会发现，孩子很可能也会靠近小狗，然后小心翼翼地抚摸它。

让你的孩子也有类似的情绪体验吧。让他学会“我感到非常失望”这句话，这不会咬伤任何人。

针对孩子任性、不安、挑衅和易怒的行为，我建议你试着去识别他的愤怒，试着让他表达出来，并帮助他用另一种方式表达，即用语言而不是用不能接受的行为表达。但是，我暂时抹去了你在那段关系中的作用。你们应该同舟共济。如果你只是对他说“你应该先读书，然后再看电视”，一般来说不会有太大的作用；如果你只是告诉他“狗没有什么可怕的”，但是你看到狗来了，却害怕地躲开，这种说教也毫无意义。同样，试着通过表达你的感受，帮助他表达他的感受。如果你生气时大声尖叫，或者做出更糟糕的行为，试想，小家伙会从你身上学到什么呢？

相反，你可以试着这样对他说：“你做这些事情，真的让我十分气恼。”

你要告诉孩子你的苦楚、你的失望，当然还得告诉他事情是有希望变好的。和孩子分享你的失望、愤怒和不满，并尽量多这样做，而且每一次都试着以接纳和宽恕的态度去做。

我们首先要学会宽恕自己。如果你想“我对孩子生这么大的气，太可怕了”，这对你没有什么帮助，反倒会吓到你，就像怕狗的人见到小狗一样，你最终会因为害怕的情绪而逃跑。逃跑的表现形式有很多种，例如尖叫、捶打墙壁、摔盘子……甚至做出极端反应。我们暂且停下。近距离仔细观察那个想法，那个让你产生如此负面的情绪，甚至有想要砸碎什么东西的冲动的想法。直面它，识别它，接纳它，表达它：“你做这些的时候，可把我吓坏了。我很生气，但是我相信，我们不能再以这种方式发展下去了。”

悲伤和愤怒没什么大的不同。当你看到孩子伤心时，你会这样想：“我不能看到他这样。”于是，你会走进另一个房间，把自己关在里面，可是这样你就陷入自己的痛苦中了。不过，你还有另一个选择。如果你看到孩子伤心，你可以这样想：“如果他伤心了，说明现在是试着接近他的好机会。”告诉孩子，当你看到他处在那种情绪状态中时，你是多么难过，然后帮助他将情绪倾诉出来。

我们再回到萨拉的例子中。当她想要离开学校的时候，在妈妈的卧室里，在梳妆台背后的那面墙上，有一个比墙壁的颜色要淡一些的长方形印迹，看起来很奇怪。在萨拉眼中，那个苍白的长方形印迹似乎一直都在那儿。我们再次回顾一下萨拉和妈妈之间的对话。

“我想放弃一切。”

“你想放弃一切。”

“对，我不想再去上学了，我什么都不想。”

“你很伤心，是吗？”

“非常非常伤心。有时候，我一个人待在房间里，感觉挺好的。”

“一个人待着，旁边没有任何人。”

“很对。”

“你如果很难过，你知道的，你可以对我说。看到你这样，我也非常难受，但我很高兴你能跟我说这些，能向我倾诉。你觉得很难过，是因为感觉没人关心你，是吗？”

“我知道谁也不关心我。”

“在学校里，无论是男生还是女生，他们几乎都看不见你，你感觉很痛苦。”

“在他们眼里，我好像不存在。”

“你觉得在他们眼里，你好像不存在。别人都在聊天，都在玩，而你却在想‘没有人爱我’，这个想法让你觉得非常痛苦。”

“妈妈，我不想再这样生活了。”

“你这么绝望，我都看在眼里。你感觉很伤心、很沮丧、很痛苦，你只想一个人待着。”

有几滴泪水从萨拉的脸颊滑落。

“你现在在想什么？”

“在想爸爸。”

“我也是。”

现在就连萨拉的妈妈也哭了起来。事实证明，她们需要同舟共济。

“你小的时候，上过绘画课……”妈妈的话匣子打开了。女儿听着妈妈说话，神情异常专注认真。“那段日子太幸福了。”现在，堵塞情绪的塞子已经被拿掉了，一切沟通变得更加容易。“老师是个非常厉害的画家，我却不是个好学生，但是他对我一直都特别好，总是非常温柔地纠正我，教我怎样才能画得更好。我也特别开心。”高压锅的安全阀开始旋转，情绪随着回忆一起流动起来。“有一次你和爸爸也来了，老师还给我们画了一张肖像画。你想看看吗？”

“想看！”

画布上积满了灰尘，因为爸爸离开家后，妈妈就把画从墙上取了下来，放到了衣柜最上面的架子上，后来就忘了。现在，母女俩又把画拿了出来，掸掉上面的灰尘（萨拉睁大双眼，看着孩提时的自己依偎在爸爸的腿上），然后把画挂回了原处。

当然，萨拉一定还会继续感觉孤独和沮丧；妈妈一定也会继续担心她的工作，厌倦与戴维德没头没尾的关系。但是这幅旧画又回到了原来的位置，用它柔和的颜色填补了梳妆台上方墙壁的那块长方形的空白。

抹掉记忆和扼杀情绪，就像因为害怕电梯而去走楼梯。不，这个比较是错误的。抹掉记忆和扼杀情绪远比走楼梯还要糟糕，因为走楼梯虽然会强化对电梯的焦虑，但至少对身体健康是有好处的，但是试图抹掉记忆和扼杀情绪，只会在墙上留下一处空洞，在心里割出一道伤口，而且也是徒劳的。

将画作挂回原来的地方，并不能消除萨拉和母亲的问题，也无法抹去两人盘旋在脑内的思绪，但现在母女俩也许会去找那位画画的老教师，或许他也能认出这位昔日的女学生，再见到她时一定会发自内心地高兴。他们会聊一聊很久之前上的那门课程，突然，老师似乎想到了什么，他打开了一个装满东西的抽屉，翻来翻去，最后找到了一张画布，上面画着一个花瓶，那是萨拉妈妈画的。他们都笑了，接着，老师看着萨拉说道："你变化可真大呀，长大了，也变得更漂亮了……"随后，还给萨拉画了一张肖像画。触碰埋藏在我们内心的东西，试着做点什么，这并不会改变世界，但或许能够帮助我们在面对它时，少一些暴力，少一些害怕，少一些苍白，少一些灰暗，多一些色彩，就像那位绘画老师使用的五彩颜色一样：细腻、柔和而轻盈。

第 6 章

我们一起玩

到现在为止，我是不是讲了太多的理论？好吧，该说点轻松愉快的内容了。现在，你对于如何管理自己和孩子的情绪已经理解得更加到位了。接下来，我会给出一些游戏和活动的建议，帮助你建立与孩子情绪沟通的渠道。

◉ 绘画中的世界

和孩子一起画画。让孩子按照自己的方式自由地表达他的想法；鼓励他给画作上色；帮助他学会使用彩色铅笔、蜡笔、水粉，创作油画、拼贴画……无论哪种形式都很好。这些活动最好没有人为干预，让孩子自由创作。最后，和孩子一起评一评他的作品。我的建议是：做出“评价”，而不是“评判”。对，不要评判。因为无论是正面的评判还是负面的评判，都会指导孩子之后的行为。当孩子没有洗手就坐到餐桌前吃饭时，给出否定的评判是对的，因为吃饭时手要干净是一条规则。但是如果你的目标是通过绘画让孩子表达情绪，那么对他的画进行评判意义就不大了，因为情绪表达本就没有规则可言。

有时，老师会告诉学生，不要把天空涂成紫色，因为天空本来就是蓝色的，所以它就应该是蓝色的，就像太阳应该是黄灿灿的一样。现在，我们不要费神去想凡·高那色彩斑斓的天空，如果不是在现实中，而是在我们的想象和希望中，天空当然可以是紫色的，太阳也可以是绿色的。重要的是，任何评判、建议、评估，都会对孩子未来想给天空涂上什么颜色产生影响。

但是，如果你希望孩子通过手里的画笔敞开心扉，表达情绪，讲述他内心世界的故事，那么评价就变得十分重要。例如，你可以这样评价：“这紫色的天空非常特别，你是怎么想到给天空涂上这样的颜色的？”或许，他做出这样的选择，是因为他很难过。如果他能告诉你这一点，那就太好了，虽然做到这一点非常不容易。如果他告诉你，涂成紫色是因为他看到祖父的灵柩上盖的布料就是这个颜色，那也相当好。如果你带着同理心，专注地倾听孩子的话，如果你再次让他拿起画笔，画出他想画的东西、画出他想要的样子，那么明天，也许后天，也许到了他愿意敞开心扉那一天，他就会来向你倾诉那段回忆，每每想起，他都会潸然泪下。你要告诉他，如果他愿意跟你说一说，随时都可以。你也要告诉他，每当你回忆起父亲的葬礼时，也会忍不住哭泣。你们可以静静地待在一起，分享这段情感上的共鸣。然后，慢慢地，风暴总会归于平静，因为一切都将逝去，没有任何一种情绪会持久存在，如果情绪被识别和表达出来，那么它消散得可能会更快。渐渐地，海面复归平静，狂风化作微风，但画作却留了下来。你可以问孩子，他想用这些画来做什么。如果孩子说想把它们放进一个文件夹里，或者选一张画用磁扣贴在冰箱上，这样你们就可以继续看着这些画，时常咀嚼起它带给你们的回忆——但同时也会让这些回忆渐渐远去。

当我们失去亲人，内心伤悲时，我推荐你观看由李·昂克里奇和阿德里安·莫利纳导演的动画电影《寻梦环游记》（*Coco*）。

没错，与祖父离世相关的思绪和感受，现在都在那张贴在冰箱上的画上。孩子与悲伤共存的方式发生了变化。起初，你们非常伤心。现在，一面是你们，另一面是留存在画上的悲伤。当然，悲伤永远存在，没有谁能够将它赶走，或许这样做也是不对的，但不同的是，以前你的小家伙很悲伤，现在他感受到了悲伤。孩子辨认出了自己的悲伤，将其宣泄在笔端，留在了画上，将悲伤看作外在的东西——之前，他整个人都充斥着悲伤的情绪；现在，他明白了，悲伤只是许许多多情绪中的一种，而且在这一天中，他也的确感受到了悲伤。

一些心理学家将其称为“解离”（defusion），意思是说之前这幅画就像通过神经传递黏在孩子的眼睛上一样，从某种意义上说，它让孩子失明了，使他无法看到身边的其他事物（融合阶段）。不过现在，孩子的悲伤似乎被转移到那张画上了，画面上那片紫色的天空上。悲伤就在他眼前，他看到了。孩子仍然能够感受到悲伤，仍然能够回忆和思念它，但是他的双眼也能注意到其他东西了——冰箱的颜色、厨房里的桌子和窗户，如果碰上大晴天，孩子还能看到玻璃之外湛蓝的天空。

如果我们一直与自己的情绪融合在一起，与它合二为一，那我们很可能会“失明”。这其实一点也不独特。在我们的日常生活中，如果一种愤怒没有被识别，无法通过语言形容、表达，在没有意识的情况下，它以不受控制的、暴力的形式释放出来，我们称之为“盲目愤怒”。我们让孩子将这种情绪画了下来，很可能最终呈现的并非一幅艺术品，却是真情的流露。或许，孩子用了很暗的颜色，或者是鲜红色，或者画了你不想看到的怪物。但是，不要因此批评他。因为这代表了他的内心世界。让孩子自由地按照自己的方式去画画，画完以后，如果孩子愿意的话，和他谈一谈。这样，你就能帮助孩子“看到”自己的愤怒，如果孩子看到了，或许就不会猛烈地“撞击”面前遇到的第一个障碍了。

我们刚刚谈到的绿色的太阳并不是我发明的。它来自朱利奥的作品。朱利奥是一个8岁的小男孩。朱利奥的父母把他带到我这里，因为他难以控制自己的愤怒。

“你见过吗？”这一天，男孩给画涂完颜色后，带着挑衅的语气问我，“我画了一个绿色的太阳。”

“很漂亮！”我回答他，“能看到这样的太阳，可真不容易。”

“你其实根本不喜欢它，因为太阳应该是红色的。”

“每个人都能按照自己的喜好给太阳涂色。”

“我小的时候，我叔叔总是跟我一起玩，他教我怎么拍照，还总是带我去散步。”

“嗯，现在呢？”

“现在，他结婚了，还生了两个小孩，眼里就再也没有我了。”

“哦，原来如此……”

“爸爸妈妈也给我生了个小弟弟，我一点都不喜欢他。”

“你觉得，现在就连他们眼里也没有你了。”

“我叔叔还没结婚的时候，他带我去海边拍海浪。他跟我说，要认真地看，因为太阳落山时，最后一道光是绿色的。”

“你想要拍下绿色的光线。”

“对。”

“你拍下了吗？”

“没有。”

片刻的沉默后，小男孩耸了耸肩，说道：“但我一点都不在乎，因为我想画成什么颜色就画成什么颜色。”

双面绘画

不，这不是出于保护生态环境的考虑，也不是为了节约纸张，而是用来应对矛盾的情绪。我们建议孩子在一张纸的正反两面画两幅画，分别代表相同情境下的两种对立情况。在第3章中，我谈到了我的一个“小患者”，他有注意力缺陷／多动障碍的问题，我请他分别画出在家里和在学校里的自己。你还记得那两幅画差别有多大吗，从两者的不同点上暴露出多少对立的情绪吗？你也可以请你的孩子完成类似的创作，主题可以根据你想帮他摆脱的内容决定。下面给出了几个主题，你可以请孩子展示：“和朋友们在公园度过的一个美好下午／和朋友们在公园度过的一个糟糕下午”“你和爸爸／你和妈妈”“一个幸福的时刻／一个极其悲伤的时刻”“今天我非常平静／今天我充满了焦虑”“我的恐惧／我的勇气”“我和我的平静／我和我的愤怒”。

当孩子画完后，你应该跟他聊聊画上的内容，不过我还是要再次叮嘱，千万不要试图进行评判。我之所以再强调一次，因为这一点极为重要。假如当孩子同你的伴侣在一起时，画的是美丽明亮的晴空，脸上露出大大的微笑；而与你在一起时，画的却是色调昏暗阴沉的暴风雨天。我很理解你，你一定会感到自己被伤害了，你十分震惊，你对孩子说，你不理解他为什么这样画，还可能用带有攻击性、质疑的语气讨要他的解释。但是，你知道这样做的后果是什么。那一刻，孩子没法回答你。在将来的某一天，若是孩子还想画画，那么画到你的时候，他便给自己画上一个大大的微笑，沐浴在安静的晴空下——这并不是他的真实感受，而是你想让他这样画。

因此，无论多么艰难，都要尽量回应孩子表达的真实感受，而不是否认它。例如，你可以这么对孩子说：“我的天哪，好可怕的暴风雨天！我们一起出门的时候，你就是这样的感觉吗？”或者还可以这样问他：“我要怎样做，才能让太阳投射出一缕阳光呢？”或是：“我要怎么做才好呢？”（你的语气要能够暗示他，表明他可以毫无顾忌地向你敞开心扉，说出他的想法，而你也非常乐意了解他、帮助他，改善现在的处境，寻找更为和谐的相处方式。）

当孩子画了“同朋友共度的一个糟糕的下午”或是“极度焦虑的时刻”，你也可以尝试按照上面的方法引导他。将这些情境作为与孩子交流和倾听的工具。聆听的方式多种多样，带着兴趣和接纳去观察两幅图，也是一种沟通的方式。

双面绘画有时能够让你知道一些令人十分惊讶的原因，例如，孩子为什么如此悲伤，为什么会有看似无法解释的情绪风暴，或是为什么会有难以抑制的愤怒。不过，我已经充分阐述了，我希望当有痛苦存在时，最好能够将痛苦带进光明，而不是让它在我们体内持续发酵、腐烂。

你可以将孩子的画保存下来，观察后续是否有所改观。可在日后继续同孩子讨论、评论、聊天、开玩笑，同他一起玩耍。相信随着时间的推移，事情会慢慢改善。“这里有什么变化？为什么天空变得晴朗了？可能是因为暴风雨已经过去了吧。”当然，我们深知，未来的暴风雨还有很多。生活永远是风暴和晴天的不断交替，但它终究是美好的，尤其是对孩子来说，如果有人能够同他共担风雨，共享晴空，与他分担痛苦、焦虑、愤怒，幸福灿烂的阳光终将洒落大地。

◉ 木偶戏

我知道，木偶戏已经过时了。之前，价格便宜的书籍、带插图的报纸和杂志、漫画书给木偶戏带来了第一次冲击，接着电影院和电视出现了。如今，电子游戏也来了——最初需要在笨重的设备上玩，然后可以在轻便的设备上玩，最后我们能够随时用放在口袋里的智能手机玩。可是……为什么不试一试木偶戏呢？当然，每个孩子都有他的行为方式，每个人都有自己的个性、气质与性格——或者随便你怎么称呼我们内心的东西，有时我们认为这些东西是一成不变的。每个人都有想做的事情，当然你的孩子肯定更想玩智能手机，而不是玩木偶。或许，孩子整天都在看手机，别人说什么都不爱听，可是你不试试，怎么知道行不行呢？

过时的老物件，有时会散发出一种特殊的魅力，就像你在阁楼上找到一个被遗忘许久的箱子，在里面发现了一只积满灰尘、锈迹斑斑的旧玩具。试着建议孩子搭建一个小小的木偶剧院，设计故事的全局：主角、坏蛋、故事情节、人物感受和结局。你可以帮助孩子先想好剧情，然后再安排节目表演；或者，如果孩子自己能够搞定的话，就由着他自己去捣鼓吧。对外向的孩子，或者那些一直需要成为众人焦点的孩子来说，这或许是一个令他十分兴奋的机会，因为他体会到了聚光灯打在自己身上的感觉；对害羞的孩子来说，在他们内心的小世界里可能锁着一只小刺猬，这个活动反而让他们有机会既不现身，又能充分地表达自己，因为他们只需要在幕后操纵，不需要上台表演。当然，如果能有观众捧场就更好了，例如孩子的祖父母、叔叔伯伯、表兄妹，还有其他朋友等。不过，这种体验最重要的是能够让孩子以不同的语言（口头或非口头）表达自己当时的情绪。如果你能和孩子一起玩的话，还能够识别孩子的情绪。

把创作的木偶剧录下来，之后便可以随时回看视频录像，还可以跟孩子一起评论。你们也许会边看边笑，没准还会非常感动呢!

最近出现了一些非常新颖的治疗方法。这些方法让儿童(尤其是青少年)制作一些木偶剧,赋予木偶以生命,从而表达内心的愤怒。这是团体心理治疗的方法,通常由三个人(最多四个人)分享行为控制的问题,有时甚至是十分严重的问题。它的理论原理非常简单,又十分有趣:如果一个人内心有潜在的愤怒,且十分具有破坏力,他不发泄出来,迟早会以更糟糕的方式爆发出来。比如,在一组实验中,请一个小男孩对着小组的其他成员,用语言表达他的问题,谁也不知道他能做出什么样的事情——他可能言语上咄咄逼人,甚至会有肢体上的动作。假如此时小组的另一个参与者反应激烈,那么整个治疗组就变成了一场斗殴。但是,即使被攻击的同伴感到受伤时,小男孩只是把自己封闭起来闭口不言,也有可能惹了很大的麻烦。有一个典型的例子能够说明这种情况有多么强大的、潜在的威力。在小组第一次座谈时,他们需要给小组取一个名字。当然,治疗师完全可以自行选择名字,简单快速即可,但如果这样的话,他的"小患者"们就会比较被动,会更加依赖于外部的决定,所以,最好由他们自己决定。但是,对我们来说微不足道的小事,却让三四个小孩吵吵嚷嚷个不停。所以,我们至少在最开始的时候谨慎一些,试着穿上"防弹背心",

做好防备，因为我们根本不知道事情要如何收场。这就是木偶戏发挥作用的地方。通常，我们使用的是中空的毛绒木偶，孩子们把手放在木偶里做出各种动作。从这一刻开始，木偶可能会互相争吵，会生气，有时甚至会冒犯对方。不过，这种方式能够防止冲突恶化成身体冲突，还能够尽量让孩子们之间保持一定的距离，尤其是已经表现出很强攻击性的孩子与情绪极度消极的孩子。孩子们能够承认这些情绪，将它们表达出来，却无法完全识别它们，因为说话和行动的是木偶。只有经过激烈的讨论，开始形成辩论的立场时，你才能抛开木偶，开始面对面的讨论。

如果你的孩子能够接受木偶戏，并且非常喜欢玩，你不妨也试着用它来设置一些可能发生对立冲突的情境。例如，妈妈告诉孩子该去写作业了，或者爸爸请孩子关掉电子游戏，上床睡觉。

木偶戏还有一个十分成功的应用场景，那就是作为选择性缄默症的治疗。选择性缄默症是一种精神障碍，虽然十分罕见，却令人非常揪心。患病的儿童在家里或是游乐场里能够毫无障碍地说话，但是在某些特定的场合，通常是在课堂上，会持久地“拒绝”说话。治疗这种障碍当然不简单，并不是仅靠木偶戏就能解决的。不过，治疗师做过一些有趣的实验，他们让病人与木偶互动，这些木偶分别代表他、老师、同学和朋友，并逐渐让孩子敞开心扉，暴露出他的焦虑、不安和困难等各类阻碍他在学校开口说话的情绪。用这样的方式，孩子能够慢慢地说上几个词，或许起初只是在扮演他的木偶耳边低语，接着会贴在扮演老师的木偶耳边，最后再到某个朋友耳边。在最为幸运的一些案例中，孩子最终能够与每个人进行口头交流。除了在治疗中取得了重要的成果，在我看来，这种方法也是非常好的课堂教育的方法，而且很有趣。有时，我们可以借木偶发声。

你也可以将同样的方法用到自己的孩子身上。你可以请孩子为童话人物（我们在后面会介绍童话的不同使用方式），或者他想象中的人物赋予生命。你可以帮助孩子探索这些人物角色的情绪，可能到最后你会发现，如果游戏顺利进行的话，最终发泄出来的情绪其实是孩子自己的情绪，而且往往是那些埋藏在内心最底层的情绪。如果这样的经历能够让孩子贴近真实的戏剧，那就更好了！我有很多“小患者”，他们都前往表演学校学习，在学习中，他们了解自己的身体及身体的千百种语言，学会意识到自己的身体，学会在公共场合表达自己，学会以积极的和有建设性的方式感受情绪，最终变得更好（我从来不在我的工作中使用“治愈”这个词），找到新的平衡和安全感，在生活中变得更加平静。

◉ 童话

关于这个话题，如果展开来讲，可能需要一整本书的篇幅，不过看看我前面已经洋洋洒洒写了那么多，所以关于这个主题的阐述放在这一节中着重介绍一下吧。

让我们从最经典的童话，也是我认为最重要的童话故事开始吧。历经几个世纪的沉淀，那些经典童话中蕴含的智慧和知识是在现代社会中很难找寻到的，我们如今的教学过于直白，几乎难以产生如此诗意的、强烈的、令人回味和令人振奋的内容。在孩子们很小的时候，最好是在他们学会阅读之前，我们应常常读童话给孩子们听，特别是在他们非常小的时候告诉他们这些，越小越好。

观察浮现在孩子眼睛里和脸上的表情：惊奇、害怕或是幸福。听故事时，孩子们也会根据自己的内心世界产生不同的心理活动，可能会直面它，与妖怪、狼和女巫共存，也可能与抛弃、嫉妒、恐惧共存。帮助孩子倾听，告诉孩子不要因为害怕而捂住耳朵，因为生活中同样处处有怪物，我们必须学会认识它们，有时需要直面它们，有时需要接纳它们。想一想被所有人拒绝的丑小鸭，想一想被扔到森林里的大拇指汤姆，想一想被恶狼吞掉的小红帽，或是被邪恶的王后迫害的白雪公主，想一想被刺伤后长眠的睡美人，想一想灰姑娘和没有人爱她的生活，还有《小王子》，虽然它的历史不足百年，但很难否认它的经典。经典童话是情感的宝库，任由你的孩子探索它们，领悟其中的深刻意义，并从中学习。童话中的隐喻如此深刻，却能自然地穿插进诗意的背景中，从而使童话故事成为极易使用的教育工具。你只需要让孩子朗读故事，并告诉他如何朗读，其他什么都不用做，因为所有的一切都已经包含在那些书页、角色、情节中，一切都将自然展开。

对于那些我们现在称为当代童话或是具有教育意义的童话来说，情形就大不相同了。因为这类童话故事并非源自古老的、代代相传的、含蓄且异常深刻的情感的自然沉淀，而大多是为了某个特定的目的而写，例如帮助孩子认识他们的感受；克服普通或是特定的恐惧（黑暗、独自睡觉、远离父母、学校、犯错、他人的评判、被取笑或是被爱、与他人不同或是被抛弃）；控制愤怒或嫉妒，例如嫉妒自己的小弟弟；懂得寻求帮助的重要性；面对收养问题或友谊的价值，面对晚上的噩梦，面对父母争吵、分离时的内疚感。在这些童话故事中，有一些特别有意思，因为除了被印刷到传统书籍上的故事，还有一些被刻在CD上售卖，有的被改编为电子游戏。所有这些形式的故事都能在不经意间帮助孩子学会不退缩，勇敢地表达他们的感受、愿望、挫折和希冀；培养他们的自主性和自尊心；提高情商；鼓励接受自己和他人；强化对挫折的忍耐；学习想法和情绪之间的关系（我们将在最后一章讨论）；提高行为的自我调节能力。有时，这些教学用的故事甚至会深入研究真实的疾病案例，例如焦虑症、抑郁症、强迫症，或是与学习障碍相关的情绪。

还有的小家伙会自己创作童话故事。现在市面上有一些非常漂亮的故事骰子售卖，很多小孩都喜欢用它们——起码我的经验是这样（我以洛里的故事骰子为例）。这些骰子（经典版本有九种）与一般的骰子不同，并非1到6点，而是在骰子的每一面都描绘了一个角色、一种情境或是一种情绪。和你的孩子一起玩吧！先让孩子掷出骰子，然后将掷出的数字按照孩子的喜好排列，即将骰子排成一排。最后，让孩子根据骰子上提供的信息创作一个故事，一定要用上这样的开头："从前……"给孩子充分的自由去创作，等孩子完成后，就轮到你了，你也可以掷出骰子，创作属于你的童话故事。你们可以共同讨论创作的故事，一起发掘故事中的意义和奥秘。如果有可能的话，还可以找其他人来参与游戏。有时，你还可以将自己的故事写下来（不过，千万别让孩子写，否则游戏就变成任务了），方便以后回忆、重读故事。“创作故事”的骰子有很多不同的版本，你们还可以用不同的骰子做这个游戏，或者将不同版本的骰子混合到一起，进而增加叙事和情绪体验的创作潜力。如果你仔细想一想，小说家和诗人归根结底也是这样做的：他们创作故事，或是写作诗篇，都是追随内心世界的神秘轨迹，表达深层的需求和愿望（当然，也有人这么做是为了推销）。如果你有想法，也有时间，完全可以试着去做，或许还可以帮助你的孩子这样做。然后，你会惊讶地发现，孩子写小说、作诗或是讲故事的水平超出你的想象。

除骰子之外，市面上还有各种不同版本的卡片售卖，也可以利用它们创作童话故事。即便手头没有任何工具，为什么不充分发挥你的创造力，在没有任何东西支持的情况下创作你的故事呢？这样岂不是更加自由？我时常会和女儿做这样的游戏。在她还很小的时候，每当她睡觉前，或是由于某个原因很伤心，或是碰上困难时，我们都会玩这样的游戏。我们既没有骰子，也没有卡片，不过我们还是会经常一起编故事，你一句，我一句。故事的灵感可能来自睡衣上绣的小兔子，也可能只是即兴创作一些多少令人感觉困惑的诗句。

时间过去这么久，重新回忆不禁有点感慨。我还记得其中的一些：

鼻子对着双唇说：
“总是孤单最扰人。”
眼睛对着鼻子说：
“头发最幸福，又多又密。”
头发说：
“好的独处胜过坏的陪伴。”
下巴摇了摇，说：
“人人都不幸福，果真没错。”

太阳对着月亮说：
“总是面对阴影，果真坦荡！”
月亮对着星星说：
“这样你们都会亮晶晶。”
群星齐声对着太阳说：
“闪亮得像块宝藏！”
云彩被风吹着，说：
“人人都不幸福，果真没错。”

当然，这样的诗句肯定得不了诺贝尔文学奖，但是我相信在某一个难过的夜晚，我们俩能睡得更安稳一些。

有时，我们除了讲述童话、阅读童话和编造童话，还能与孩子一起“寻找情绪”。例如，你可以这样问他：“这个故事激发了你的哪些情绪？”你还可以让孩子把情绪画下来。随后，再把孩子的画剪下来，粘贴到一起，变成一张大大的拼贴画（这就回到了我们前面提到的绘画活动）。你还可以帮助孩子理解或想象主角的内心活动，也可以以孩子的一张画，或是书上的一幅插图为起点，启发孩子思考：“如果我是童话故事里的大拇指汤姆或是白雪公主，我会怎么做呢？如果我变身成了丑小鸭，会有什么感受呢？”

另外，当你们共读一则童话后，你可以请孩子画出其中的负面情绪，然后问他：“那我们该怎样处理这幅画呢？”

孩子的答案可能有无数种。你的孩子可能觉得它太丑了，想让你把它锁进柜子里，之后再也不想看到它；或者让你把它锁进柜子里，但是当他能够承受这些情绪时，可以时不时拿出来看看。你们还可以直接将它扔进纸篓里，彻底摆脱它；或是粘贴到冰箱上，甚至装裱进画框里。我们要学习与所有的情绪——那些坏的，当然还有好的情绪一起生活。如果你们已经画过了愤怒、悲伤或是恐惧，别忘了请孩子也画出丑小鸭变成白天鹅后的样子，找到回家的路的大拇指汤姆的样子，或是找到幸福的灰姑娘和睡美人的样子。

不过，与许多教材中的童话建议恰恰相反，我的建议是，谨慎地实践这类活动。仅在有必要时才这样做，即只有当讲故事或读故事不足以触及孩子们的内心时，才这样做。非必要的活动是有害的。

我还记得安徒生童话中有一则关于夜莺的故事。小时候，读到它让我倍感兴奋。故事讲的是一只歌声美妙动听的夜莺，它生活在皇宫里，后来被一只机械制造的夜莺取代，于是它飞走了。后来，皇帝病重，夜莺重新返回皇宫，帮助皇帝恢复了体力，减轻了病痛。这么多年过去了，故事的内容我记忆犹新，它在我的脑海里生动又热烈：

> 每天晚上，他们都准许我往家里带一些剩饭剩菜，给我那疾病缠身的可怜母亲吃上几口。我母亲就住在海滩附近。在我回家的路上，每当我走累了，都会在小树林里歇歇脚，听一听夜莺的歌唱。眼泪从我的眼角滑落，像是母亲在亲吻我的脸颊。
>
> ……不过，死神继续用他那空洞的大眼睛盯着这位皇帝。四周是一片静寂，可怕的静寂。

正在这时候，窗子那儿有一个最美丽的歌声唱了起来，就是那只小小的、活的夜莺。它栖在外面的一根树枝上。它听说了皇帝可悲的境况，现在特地来对他唱点安慰和希望的歌。

……于是夜莺不停地唱下去。它歌唱那安静的教堂墓地——那儿生长着白色的玫瑰花，那儿接骨木树发出甜蜜的香气，那儿新草染上了未亡人的眼泪。这时，死神不禁思念起自己的花园来，于是他变成了一股寒冷的白雾，在窗口消失了。

等我长大后，有一天，我想重读这个故事，却怎么也找不到那本镶着金边、有蓝色封皮的旧书了。于是，我在网上搜到了这个故事。故事所在的网站是一个教育类网站，故事的文本后面跟着一千个需要孩子思考的问题（例如，故事的主角是谁？故事展开的背景是哪里？皇帝表现出怎样的情绪？机械夜莺代表着什么？作者写这个故事，想要教给我们什么？）。这些问题的答案我通通不记得了，但是我清清楚楚地记得，所有这些问题、练习对我的影响：我似乎重新找到了自己最爱的玩具，我深爱着它，但是它却被拆解了，它碎落一地，再也不能玩了，它死了，就像机械夜莺一样。请你不要犯同样的错误。

经典童话通常不需要任何外在的东西，因为故事本身已经包含了你所需要的一切。对于为了某些特定的教学目标和教育意义而创作的童话故事，这些工具和建议有时可能是有用的，甚至是必不可少的。但是，我坚信，我们需要非常谨慎、非常注意，千万不能将童话故事中的情绪体验变成一种无聊、迂腐，通常还是多余的训诫。因为走进童话世界的我们，仿佛走入了梦境，我们要探索和触及的，是我们内心的最深处，有时是最隐秘的感受。

◉ 电影

说起讨论情绪的动画片和电影，必须首先提到《头脑特工队》。这部电影我已经提过好几次了，讲的是一个小女孩很不情愿地从明尼苏达州搬到加利福尼亚州的故事。她离开了老家的朋友，大脑中的情绪（欢乐、害怕、愤怒、厌恶和忧伤等）也迷失了。

> 《头脑特工队》的预告片完美地总结了我们内心的基础情感。

这部电影以拟人的手法描述了如何控制和接受个人的情绪，它与我们正在讨论的话题不谋而合。不过，这个例子也揭示了另一个主题，我希望能够引起大家的注意。电影中，当女儿想象中的朋友——一头粉色的大象宝宝消失在遗忘深渊时，故事达到了高潮。这段情节十分悲伤，但是有了粉色大象的牺牲，小主角才能进入内部控制室的大厅。这个控制室由情绪们控制着，能够用来指导主人的行为。看到这里，你的孩子很可能会哭，因此我建议你和孩子一起看电影。如果孩子哭了，你不需要跟着他一起哭，而是接纳孩子的眼泪。如果孩子笑了，你就和他一起分享快乐。如果孩子问你任何问题，你要回答他，可以即刻回答，也可以几天之后再回答，还可以与他一同讨论他的想法、感受和情绪，以及他经历过的类似的情绪体验或是你经历过的类似的情绪体验。

其实，这一点正是电影与我们上一节讲的童话的最大不同：当孩子们还不认字的时候，不得不由父母为他们读故事或讲故事；当他们学会阅读后，才能独立理解故事并体会到其中的情绪。但是，在电影院里，情况就大为不同了：孩子在4岁的时候就能独立观看一场他甚至都不理解的电影，这无疑会让孩子很困惑，对他造成干扰。针对这一点，我必须再重复一遍，不要让孩子一个人坐在电视机前。当然，平板电脑和智能手机的屏幕也是如此。无论是在餐厅，还是在比萨店，我见过很多次，孩子被大人扔在一边，眼前放着一个电子屏幕，就像迷失在森林里的大拇指汤姆一样。父母失去了多少与孩子沟通的机会呀！这对孩子的语言能力、情感沟通能力、注意力、自控能力等，会造成多么大的风险。

除去这个不小的差异，取材于童话故事的动画片，与纸上写的童话一样，都给孩子提供了向内看的无限机会，使他们能够接触自己的内心世界，并不断探索，有助于孩子情感素养的启蒙。这类电影从《白雪公主》（包含恐惧、羡慕、嫉妒、友谊和爱）到《睡美人》，再到更现代的一些童话，例如《小姐与流浪汉》《101斑点狗》《小飞象》；还有《功夫熊猫》，讲述的是当你感到与众不同、格格不入时内心的痛苦，但是后来经过自己的努力，重新找回了自信、自尊和自我效能；《小鹿斑比》，讲述的是面临可怕的死亡威胁；《四眼天鸡》，讲述了小鸡勇敢地表达自己的感受，依靠自己的力量找到幸福的故事；还有《冰河世纪》和《玩具总动员》，等等。名单很长很长，在这里我仅列出一些供大家参考。

对上一段列出的动画片，如果你接受我给出的建议，记得在和孩子一起观看时，一定要接纳他的情绪。

例如，如果想看《功夫熊猫3》（*Kung Fu Panda 3*）中的主角阿宝为了打败反派天煞不惜牺牲自己的场景，你可以去网上找来看看。

关于这一点，我有一段关于《玩具总动员》的个人回忆。我记得特别清楚，在我儿子大概五六岁的时候，他觉得他不在场的时候，玩具就会动起来，玩具也能感受到跟他一样的愤怒、羡慕和嫉妒等情绪，甚至，在他的卧室（他很久没有在那里睡觉了）里也有一个电影主角牛仔胡迪的玩具。我的儿子跟电影里的小主人安迪一样，和那个玩具一起睡了好多年，并且坚持认为他们永远都不会分开。现在，很神奇的是，胡迪还是完完整整的，戴着它的牛仔小帽和警长星星（警徽），但是我很难说，它对我来说是代表我宝贝儿子的情绪，还是作为一位老父亲有点难以忍受的怀旧情绪。是的，我也有自己的情绪，我努力去理解它们，甚至更努力地去接纳它们。就像怀旧情绪一样，或者像我向你们坦白时的恐惧一样。

◉ 电子游戏（对，你们懂的）

我内心是害怕的。害怕在这样短小的章节中，直面如此微妙又痛苦的问题：儿童和青少年对电子游戏的沉迷。但是，正如我们将要看到的，即使是我认为非常危险的工具，也能成为你和孩子情绪沟通交流的通道。

若是谁能够解决电子游戏成瘾这个难题，他一定能够获得诺贝尔心理学奖（是的，我知道没有这个奖项，但是人们一定会专门为他设立的），因为这种沉迷已经成为儿童内部一种隐蔽、流行且严重的障碍。而且我认为，解决这一障碍最大的阻碍之一，就是成年人对儿童在游戏时跌入的那个平行世界一无所知。其实，青少年永远都在创造成年人无法进入的平行世界。在20世纪八九十年代，孩子们会看超人漫画，但是他们的父母却对此一无所知。不过，既然我们说的还是纸质时代，那么成年人理解起来也没那么复杂。不过，今天我的挑战不是来自老年人或是中年人，而是一个30岁的人，他向我解释《宝可梦》游戏中能量点要怎样运用。电子游戏容易让人上瘾。很可惜，成年人也是一样，我们手里永远拿着手机。我们清楚地知道，现在不仅青少年是这样，越来越小的孩子也拿起了手机。强大的电子设备无处不在，它们拥有巨大的吸引力，因此作为家长，要想深入了解《宝可梦》《我的世界》和《使命召唤》的世界，难度非常大。（向那些不熟悉这些游戏的人解释一下，《宝可梦》包括捕捉和训练虚拟角色，然后用它们与其他玩家展开宝可梦对战。每一只宝可梦都有各自的优点和缺点，可以参照不同的参数积攒经验和得分，完成进化和升级。在《我的世界》中，玩家能够在随机生成的无限世界中移动，并且能够根据不同的场景选择自己要做的事情。在《使命召唤》中，你会沉浸在不同年代、场景的战斗中。）

最终的结果却是，我们的孩子（就像我的那些“小患者”）常常被困在那些宇宙中，我们却不知道怎么帮他们走出来。我在这里顺便引用我对电子游戏的观点，可以用五个词概括：审慎、审查、理解、告知和共享。

不管怎么说，电子游戏确确实实存在，我也坚持认为，大多数人无法抵抗它们强大的吸引力。因此，试着和孩子共享。与电子游戏化敌为友，就像古罗马统帅尤利乌斯·恺撒说的：“如果你无法战胜敌人，那就与它结盟。”从这个意义上来看，电子游戏与我们本章中介绍的绘画、童话故事等各类工具都有同样的作用。你可以找一个时间，参与到孩子的游戏中。我敢说，没有谁比我更知道这到底有多难，因为我承认，我从来没有成功过。不过，如果你正在读这本书，有年纪很小或正处在青春期的孩子，那你肯定比我年轻得多，这可能是一个优势。让孩子给你解释这些游戏是怎样玩的，它讲了一个什么故事，如何获得积分，怎样会输掉游戏，如何通过关卡并获胜。当你和孩子一起玩，打完一局游戏后，试着聊聊你的感受，帮孩子处理失败后的挫败感和愤怒，帮助他学会适时关闭游戏。另外，趁着为时未晚，在孩子玩游戏之前，一定要事先和孩子约定好时间，不能超时。另外，有一些电子游戏孩子不能玩。就像我在前一章中所写的，有时需要桥梁，有时需要高墙。

◉ 情绪游戏

前面的理论知识太多了，在这一章我们聊一些开心的话题。希望我能够给你带来一些灵感，让你能花点时间和孩子一起玩耍。

制作一些卡片或贴纸，每一张纸片代表一种情绪。再制作一个情绪轮，即用一张纸做成一个轮子形状，上面分成几个不同的区域，每一个区域对应一种情绪。在轮子正中央插入一个能转动的箭头状的物品，就像时钟的指针一样。每当你旋转时，指针箭头就会停在某一种情绪的区域内，之后就可以开始游戏了。你们可以一起做出这些道具，或者到市面上去买现成的道具。

至于如何玩这些游戏，限制只有一个，那就是你们的想象力。你可以用情绪卡片玩记忆游戏，或是多米诺骨牌，或是从对方模仿的表情或讲述的故事中猜猜他手里拿了哪一种情绪。假如一方说："有一天，我在找我最喜欢的玩具，却发现它丢了。"他手里会是什么卡片呢?

我们做一些与最基本的情绪有关的游戏，正如《头脑特工队》教给我们的，这些情绪包括欢乐、害怕、愤怒、厌恶和忧伤。从中选取一种情绪，观察孩子能不能从你脸上认出这种表情，不过别忘了还有许许多多其他情绪。我们可能会时不时感到担心、无聊、怀疑、恐惧、惊讶、好奇、内疚、沮丧、羡慕、嫉妒、困惑、焦虑、满意、失望、窘迫、自大、气恼、抱歉、喜悦、热情、极乐……

在决定从哪种情绪开始时，你可以参考这几个因素：孩子的年龄，他现在已经知道的事情，或是他想跟你玩什么，等等。有时，两个人一起玩会比较容易——尤其是刚开始时，但三四个人一起玩会更有意思，你可以邀请父母、兄弟姐妹、朋友来家里一起玩。不过，记住了，这只是一场游戏。你并非孩子的老师，也不是他的教育专家，抑或是心理学家和心理治疗师。游戏就是游戏，如果把玩游戏变成学习或义务，就会变得很无聊，就起不到应有的作用了。

要想正确使用APE法，小卡片是非常合适的工具。你还记得吗？我们在第4章中讨论过：一个事件（A）引发了一个想法（P），这个想法又激发了一种情绪（E）。很好，是时候让它重归舞台了。通过这种方式，我们能够反思是什么原因激起了他的情绪。准备一些小卡片，每一张卡片代表一种典型的情境，将卡片放在准备好的情绪卡片旁边。让你的孩子抽一张情境卡片。例如，卡片上描绘的可能是被朋友嘲笑的情境。现在，孩子得选择一张代表此时情绪的卡片。他选择了悲伤？好极了，他得了一分。到现在为止，游戏还相当简单。不过，真的是他的朋友让他感到悲伤吗？现在把两张卡片分开一点，中间留出可以再插进去一张卡片的空隙。再准备一些卡片，在卡片上写下大家都有的一些想法，例如：

想法1：别人总是取笑我。

想法2：可能我哪里不对劲。

想法3：他们都在生我的气。

想法4：真烦人！我真的受不了了。要是能转学多好啊，这样就再也见不到他了。

想法5：我平时挺讨人喜欢的，如果有谁偶尔嘲笑我，那也不至于就是世界末日了。

想法6：要是我朋友今天取笑了我，可能是他今天碰上了让他很生气的事情。

现在，让孩子从你准备的想法（P）卡片中选择一张，插入到事件（A）和情绪（E）卡片中间。孩子有很大可能不会选择后面两个想法。之后，你们互换角色。现在由你来选择一个事件和所感受到的情绪，以及你可能会有的想法。如果你们是三个人或四个人玩，那每个人都做出各自的选择，慢慢地所有人都会意识到，产生情绪的可能并不只有事件本身。想法也发挥着重要的作用。试着换几种不同的卡片内容，重复几次游戏。最重要的是，试着改变想法的内容。

A：你的一个朋友嘲笑了你。

P：你会想："真烦人！我真的受不了了。要是能转学多好啊，这样就再也见不到他了。"

E：愤怒。

你看见了吗？事件还是那个事件，但是现在我们的情绪为什么不再是悲伤，而是愤怒了呢？因为我们的想法变了。

我们再试着换一张想法卡片。

A：你的一个朋友嘲笑了你。

P：你会想："我平时挺讨人喜欢的，如果有谁偶尔嘲笑我，那也不至于就是世界末日了。"

E：平静。

这次的事件照旧，但是情绪又发生了新的变化。当然，这次是变得更加积极了，因为想法更加积极了。

不同的想法会产生不同的效果，这些想法有好的想法，也有坏的想法，有一些想法甚至会伤害我们（并非所有心理学家都赞同这一点，现在我们不展开讨论这个问题），尤其是那些坏的想法，可能会像能引发流感的病毒一样伤害我们。我们是否想尝试找出这些精神病毒产生的原因，从而识别它们，最终尝试中和它们？

你还记得我们之前讨论过的非理性想法吗？这类精神病毒用更专业的词汇来说，就是非理性想法。它们中饱含着绝对化的需求、任性的要求和专横的欲望。"我必须永远拥有我需要的东西！""事情应该按照我想要的方式进行！""别人必须永远对我好！"你可以试着自己反思一下，也帮助孩子一起反思。和孩子一起玩卡纸和情绪轮，或许你就能发现这些情绪的病毒，正是它们产生了愤怒、悲伤、焦虑和内疚等负面情绪。

小卢西亚诺注意力不集中，而且非常冲动，他坚信自己应该一直取得好成绩。在他的案例中，这类精神病毒包含了一个词，即“应该”。这个词相当危险！它可能引起的“疾病”包括愤怒、失望、悲伤、嫉妒等。当小卢西亚诺参加算术考试时，他心里会想：“我绝对不应该算错一个数。”这类想法被称为精神病毒，有两个原因。首先，因为这里面包含了一个错误的观点，即学生绝对不能犯错误；其次，如果卢西亚诺知道自己犯了错误，就会感觉很糟糕，相应地就会在他身上表现出焦虑，这将导致他犯更多的错误，会激怒他，令他更加冲动。

幸好，我们有针对这类精神病毒的“疫苗”。和你的孩子一起玩卡片游戏，想一些更好的想法“P”，插入在卡片“A”后面。把这些想法写下来，或是画出来，或者用更好的形式表现在卡纸上。我来给你一些建议吧，比如，你可以将“我应该”替换为：

- “我更想要……”
- “如果……就更好了。”
- “更好的是……”
- “我想要……”

因此，在卢西亚诺的案例中，他的解药，即理性的想法可能是："我在做运算时，能够尽自己最大的努力就好，当然，如果老师能跟我说我做得对，那就更好了。"

我们再仔细看看那些"被感染"的想法，它们一般都包含这样一些词汇："想要""要求""苛求"等字眼，能够令人产生愤怒、悲伤、焦虑和内疚等强烈的反应：

- "我必须得到我想要的东西！"
- "我要求事情按照我的决定去做。"
- "我要求别人必须对我好。"
- "我想要自己成为关注的焦点。"

我给你举一个很形象的例子：如果你们要准备一些写有这类精神病毒的卡片的话，让你的孩子把"我"（另一个危险的词！）字写得大大的，比其他字更大，而且涂成鲜艳明亮的红色。如果技术上能够操作的话，可以制作一个报警器，每当孩子把手指放在"我"字上时，就发出警报声。

在卢西亚诺的小脑袋瓜里，"我"的病毒甚至能够将一个愉悦的场景，一个能够产生快乐这种积极情绪的场景，变成一个新的场景，一个充满愤怒和攻击性的场景。例如，老师正准备测试算术运算，卢西亚诺的成绩还不错，算得上是个好成绩，但是卢西亚诺此时却这样想："我想要拿10分。"因此，这个男孩很快就可能会感到挫败。在这个想法中，还有另一种病毒，即"想要"。我的祖母是地地道道的托斯卡纳老太太，她时常这么对我说："我想要的草连波波里花园（享誉世界的古代罗马园艺花园）都长不出来。"

还有另一种能够挖出精神病毒的方法。通常，这类非理性想法中包含一些错误的解读，例如，孩子和他的朋友之间发生了一点小摩擦，你可能会立刻这样对自己说：

- "他是故意的。"
- "都是我的错。"
- "他在生我的气！"

卢西亚诺在脑袋里也组织了一场想象中的寻宝游戏：寻找疫苗，寻找解药，寻找治疗。你也尝试着和孩子一起寻找抗病毒的药物吧。例如，可以这样说：

- "我会试着理解他为什么那样做。"
- "很遗憾事情变成这个样子，但这不是我一个人的错。"
- "我不喜欢他那样做，但他照样是我的朋友，而且这也不意味着他在生我的气。"

最后一个我要讨论的病毒并不像真正的病毒那样，它是一个微观层面的巨型病毒。我们来看看这些反复出现的想法：

- “这件事真是让我忍无可忍，真是一场灾难。”
- “我忍不了了。”
- “我怎么总是这样？”
- “所有人都讨厌我。”
- “根本没人想跟我玩。”

这些想法都是绝对的、没有任何差别的，但实际与现实的情况相距甚远。碰巧，卢西亚诺也感染了这种“病毒”。他在算术考试中得了8分，于是他这样想：“我真是一文不值，我是个彻头彻尾的失败者。”如果你的孩子也和卢西亚诺一样，请跟孩子一起玩吧，与他一起对抗这种巨大的病毒。这类孩子的体内无处不充斥着巨型和夸张的词汇，到处都是“所有”和“一个也没有”，“总是”和“从来不”。和孩子一起探索一些更温柔、更模糊的词汇，例如，可以用下面这些词：

- 常常
- 有那么几次
- 很少
- 少数几次

- 有人……

与孩子一起试试，看看仅改变想法（P）卡片上的几个词汇，能产生多少积极情绪，或者不那么消极的情绪。在第3章中，我们举了爱丽丝的例子，她因为嫉妒自己的妹妹，于是将积木城堡一股脑儿地摔到地上。你们何不也来“玩”与嫉妒有关的游戏呢？我们一起在卡纸上画出下面几个场景：爱丽丝一个人玩乐高积木；爱丽丝一个人做事情或与妈妈一起做事情；爱丽丝和妈妈一起玩乐高积木，这时妹妹路易莎叫妈妈，妈妈跑向妹妹。现在，再画出一些情绪。可能在这个案例中，只需要两种情绪就够了：愤怒和快乐。现在，我们试着将卡片中的场景与情绪联系到一起。爱丽丝一个人玩乐高积木＝快乐；妹妹路易莎叫妈妈，妈妈跑向妹妹＝愤怒。

是不是缺了什么？

我们为什么不继续采用APE法玩这个游戏呢？让我们再增加一些想法图片吧。例如：

- “真是个烦人精。”
- “妈妈只爱路易莎。”
- “如果我继续玩，那妈妈一会儿肯定还会回来找我的。”

- “真希望我这个妹妹从没出生过。”
- “我可以试试教路易莎怎么玩乐高积木。”

现在，我们试着在事件（A）和情绪（E）之间插入不同的想法：

- 路易莎叫妈妈＝“真希望我这个妹妹从没出生过。”＝愤怒
- 路易莎叫妈妈＝“我可以试试教路易莎怎么玩乐高积木。”＝好奇

虽然我们没有办法使时间倒流，让爱丽丝重新变回独生女，但我们可以帮助她更好地理解，并用不同的方式调节她的内心世界和由此产生的行为。这件事需要时间和耐心，而且与人世间许许多多的事情一样，还需要一点运气，或许惊喜在不经意间就会来临，让我们拭目以待！如果某一天看到爱丽丝和路易莎正愉快地一起玩耍，我是一点都不会惊讶的。

第7章

水、火和“好逗号”

◉ 高墙时刻

想法会影响情绪，而情绪又会影响行为。我们从很多例子中都能看到：劳拉因为阅读困难感到困惑和恐惧，于是“假装”近视；卢卡被队友嘲笑感到丢脸，大哭着拒绝参加足球训练；斯蒂凡诺被老师羞辱，于是选择在家里释放他的攻击性。因此，正如我在前面几个章节中表达的那样，学会认识和表达我们的情绪非常重要。同时，我们要意识到，引发情绪的通常不是发生在我们身上的事情，而是我们感知和描绘事情的方式。进入我们的内心世界，接触它，将它表达出来，向自己和他人清楚地表达不仅能够提升自身的心理健康，同时也能够减少不当行为发生的可能性。但是，问题并非到此结束。有时，对于不当行为，我们需要以更直接的方式进行干预。我之前说过，有时需要桥梁，有时需要高墙，你还记得吗？我还说过，有时需要倾听，有时需要说教，你还记得吗？

接下来，需要高墙和说教的时间到了。

试着理解孩子的不当行为，试着赋予这些行为以意义。同时，帮助孩子也理解这些，让他学会理解自己，学会表达内心的想法。我在前面几章中已经反复说过很多次了，现在我有必要补充一下：在有必要的时候，当不当行为继续的时候，你需要进行干预。该如何干预呢？这就是本章的主题。

◉ 惩罚是一条“眼镜蛇”

我们试着站在劳拉或卢卡父亲的角度想一想。在事情顺利时，一切都是那么容易。当你的孩子对你笑，你也对他笑；当你的孩子满足你的期待时，你向他表示你很满意。一位多年前曾来我家做过保姆的老太太这样说过：“干净的地方很容易打扫干净。”每一位老师都曾切身体会过，教一个聪明、专注、积极主动且乐于助人的学生，老师的工作也会既轻松又愉快。

但是如果事情遭遇不顺，又会发生什么呢？或许，藏在你大脑中的“眼镜蛇”抬起了小脑袋，开始咝咝作响。有时候，它会对你说：“瞧，他还不是跟平时一样，又没写作业。”有时候，它在你的耳边絮絮低语：“你看见了吗？他回答的时候总是没好气。”它在暗示你：“你觉得你能一直忍受这种情况吗？你还是不是他的父亲了？”随后，它提出了一个非常有说服力的解决方法：“让他看看谁才是老大。是他犯的错让你积攒了一肚子怒火，是时候宣泄出来了。对他破口大骂，狠狠揍他一顿，让他知道知道厉害。”

“眼镜蛇”狠狠咬了你一口。它的毒液渗透进你的身体，激发了你惩罚的欲望。

我们仔细观察一下“眼镜蛇”的策略。它到底做了什么？首先，它指出了孩子的不当行为。随后，它告诉了你这些，但丝毫没有考虑孩子的想法、孩子的情绪或是可能导致这种行为的原因。它采用隐蔽的二元语言来告诉你：非有即无，非黑即白，非好即坏。最后，它还关注到了情绪，但注意，它关注的是你的情绪，而不是孩子的情绪。它利用了你的焦虑、你对不称职的恐惧、你的沮丧、你的攻击性，还有你的愤怒，它将情绪这杯鸡尾酒调成了致命的毒药：“告诉他你要做什么，但是要用你能够吼出的最大的、最刺耳的、最恐怖的声音告诉他。

对他大吼，揍他，他就会停下来，这样你就会感觉好多了。”

等一下！我们需要立刻说清楚一件事，即惩罚并非永远都是错误的，不过，即便遇到我们在后面章节中看到的情况，我们仍然可以采用其他的教育方法，而不是惩罚。惩罚有时可能是必要的，但这是一种不好的必要。家长们一定要当心，在使用惩罚之前，务必这样问自己：“我现在要对着儿子大声说话了，是因为经过了认真、冷静的思考，并且保持着接纳的精神之后，我还是相信在这一刻，这是必要的手段，还是因为我需要这样做，因为我已经不知道用什么别的方式来管理我的负面情绪了？我要这样惩罚孩子，是因为我希望他能够下午就完成作业，然后晚上一被叫就来吃饭，还是因为我掉入了二元思维、非理性想法和不切实际的期待的陷阱？在惩罚他之前，我是否想到了他，想到了他这一刻内心的感受，还有他试着要表达的东西？在惩罚他之前，我是否尝试过用更温和、更不伤害彼此关系的方式达到同样的效果？”这些都是常识。试想一下，如果你把车停在没有停车位的地方，回来取车的时候，发现被贴了罚单。罚款就是一种惩罚，它产生的效果很可能是，下次你就不会再把车停在那个地方了。但是，这并非你挡风玻璃上那张小纸片带来的唯一后果。还有另一个后果，即你可能会觉得贴罚单的警察很可恨。或许你根本不认识他，或许你永远都不会见到他本人，但是你仍然恨他，你心里对他憋着一股怒火。不过，在那种特殊的场景下，这样的后果并不重要，因为警察的工作就是对违章行为进行处罚，并不是让你感觉他很友善。但是父母的工作却大不相同！即使你的惩罚即刻见到成效，达成了目标，但你是用怎样的代价达成的呢，你和孩子之间的关系又会变得怎样呢？

> 有一个例子能够展示由愤怒而生的惩罚，你可以看一看动画电影《小美人鱼》（*The Little Mermaid*）。
>
> • • •

如果你已经问完所有的问题，仍然认为在那种特定情况下，使用惩罚是必要和有效的，那么请务必小心，以最可能正确的方式使用惩罚，从而减少它对孩子造成的伤害。虽说有时需要说教，但是说教的方式有许多种，所以一定要当心。你当然可以像一只大鹅一样尖叫，但你也可以选择一种坚定而平静、极具权威的语气，对应该听到的那个人说话。

你可以絮絮叨叨、 里 唆地说一些空洞、无聊、冗长和无用的话：“不过，你觉得你应该继续用这种态度吗？我都跟你说了上千次了，你都到这个年纪了，不应该表现得更成熟一些吗？还有，出于对你自己的尊重，你不觉得你到了该这样做的时候了吗……”有一次，一位妈妈来找我，她也意识到自己一直在没完没了地说着车轱辘话，她告诉我：“我注意到了，我听自己这么说都觉得烦。”

你也可以清晰、坚决地说几句简短的话。比如：“现在过来坐下。”“现在，来做作业。”“不要反驳我。”“我跟你说话的时候要听着。”“我说‘不’。”

我们既要有惩罚的时间，也要有理解的时间，所以在惩罚之前，要向孩子解释规则是什么。俗话说得好，没有规矩，不成方圆。对孩子说清楚，你希望他做什么，他最好能做到哪些，以及你绝对不允许他做的事情。最后一点非常重要，需要提前跟他说明，不要让孩子通过尝试和犯错来学习他该做什么和不该做什么。孩子也会“试探”我们、考验我们，如果你不向孩子明确，哪些行为会让他们受到惩罚，他们就会提出更高的要求，更加任性、叛逆，直到试探出你最后的底线。相反，如果你能够预先向他们解释，那就无须经历这类令人疲惫、压力巨大、时常痛苦的考验了。每一次的规则最好尽可能简短、清晰、共享，并且用积极的方式表达。举个例子，如果你这样对孩子说话：“你绝对不应该惹我生气，不应该表现得这么糟糕，我决定了，如果你不写作业，或是拒绝刷牙，或是犯了其他什么事，你一定会有大麻烦。”这不是一条规则，这是一句魔咒，最终的结果是孩子会噩梦连连，产生紧张、沮丧、挫败、抱怨和愤怒的情绪。如果你这样说：“我叫你吃饭的时候，你就过来吃饭。”“吃完饭之后，要刷牙。”“玩半小时游戏后就开始写作业。”这些才是规则。如果违反这些规则，那么之后降临的就是惩罚了。不过，如果我们用这种方法制定规则，可能会出现之后没必要使用它们的情况。

相反，到了有必要惩罚的时候，要避免突然惩罚，不要骤然降临，也不要出其不意。有一种方法能够减少一部分惩罚的负面影响，即当孩子行为不当或违反先前制定的规则时，给孩子第一次警告。比如，给他一张小黄牌，告诉他：“小心咯，你犯错了。”这张小黄牌的意思是——我不想惩罚你，我在尽自己最大的努力避免惩罚你，于是我先警告你。黄牌并非惩罚，相反，这是善意的信号。假如还有必要的话，下一次再给他一张黄牌，不过也就到此为止了。在第三次违反规则后，就应执行之前说好的惩罚，要让他明白，这是他自己的行为所致，并非因为你想要释放自己的怒火。我举个例子。到了该做作业的时间，你的儿子突然开始任性。“注意了，”你对儿子说，“我现在警告你一次，这是为你好。现在别再找借口了，开始做作业。早点开始，早点写完。但是如果你一直哭哭啼啼地跺脚，那就对你不利了。你知道的吧，我已经跟你解释过了。如果你两次任性不做作业，那就罚你一下午不能玩游戏。”第二次任性，第二次警告。第三次任性，没收游戏机，明天才能玩。

我举一个严重违反规则的例子。你的孩子是否有骑自行车不戴头盔的坏习惯？如果我第一次发现他骑自行车没有戴头盔，我会没收他的自行车一星期。如果我第二次还看到他没有戴头盔，那么我会没收他的自行车一个月。如果第三次没戴头盔，我会直接卖掉自行车，18岁之前他都要步行了。

并非所有的惩罚都是一样的。有一些惩罚包含诸如尖叫、拍后脑勺之类的动作，这些行为会导致教育现状雪上加霜。你可以用适当地责骂孩子、教训他，或者让他在房间里自我反省等方式来代替上述行为。但是还有另一种惩罚，可能会更好一些。这类惩罚包括将某些活动取消，或者将某些东西没收，例如生日派对、足球比赛、电视、自行车、电子游戏机、手机等。一般来说，第二种惩罚会更合适，因为它的顾忌会更少一些。但就算用这类方法，也需要十分谨慎。最好没收一些对孩子没什么太大用处的东西（例如电视），而不是那些可能对孩子有益的活动，例如自行车（尤其是有久坐倾向的孩子）或生日派对（特别是有被同龄人孤立倾向的孩子）。

如果有必要的话，你可以经常没收一些东西，或者取消一些活动，不过要限定时间。因为有时一种未曾预料的，令你失望的，引发你焦虑、愤怒，甚至令你直接失去理智的行为，可能会令你产生一种无法控制的愤怒冲动（瞧，我们说的还是情绪问题）。于是，你可能不过脑子就脱口而出："从今天开始，今年之内你都别想看电视、玩手机，也别想玩电子游戏和骑自行车了！"如果今天恰好是12月30日，那么这个决定还是有道理的，但如果今天刚好是1月1日，你又把自己置于怎样尴尬的境地中呢？在之后的一年中，你有信心持续执行自己的这个决定吗？等到孩子向你道歉，表现良好，而且你的愤怒也消散时，又会发生什么呢？你会继续保留惩罚措施，让孩子的这些需求无法得到满足，因为他正在服从你的命令？还是说你会停止惩罚，让自己失去信誉和权威呢？再说一遍：当孩子再次违反规则时，你会从他身上拿走一些东西，但问题是，你已经将一整年的惩罚弹药都用尽了。或许，你这样对他说会更符合逻辑："今天不能再玩游戏机了，看看明天你的表现如何。"或者说："到周六才能看电视。"（如果今天是周四，而不是周日的话。）明天又是新的一天，下周可以让我们从头开始，制定新的目标、新的条款、新的协议、新的互信和新的希望。

不要一口气射出所有的“弹药”，也不要一口气毁掉你和孩子的关系。此外，也不要只考虑子弹和火药。“将鲜花装进你们的大炮里。”我年轻的时候时常这么唱，而这正是我们下一节的主题。

◉ 惩罚之外的措施

罗伯托是个十几岁的少年，他一整天都无所事事，浪费时间。安德里亚从来不听你的话。如果不给他一些惩罚，还能做些什么呢？好吧，你可以再回头读一读上面两句话。我希望你不要把注意力放在普通的内容上，而是放在两个看似无害的词汇上。一整天，你确定？真的是一整天吗？罗伯托整整一个下午什么有用的事都没干，真的一件有用的事都没做吗？从来不，你确定？在过去整整一周的时间里，安德里亚从来没有听过你的话，你的一个要求都没有听过吗？如果你没有被盲目的愤怒冲昏头脑，那或许你能够看到。或许你也注意到了，罗伯托有时会努力坐到书桌旁，打开一本教材，或者他前一天还给父亲搭了一把手，帮他修了电脑的电缆。或许你也注意到了，当你对安德里亚说穿上夹克跟你一起出门时，他有时也会照做。当然，这在很大程度上取决于你要带他去哪里。而罗伯托呢，当他准备开始学习的时候，会让手机一直开着，不过这是另一个话题了，我们将在本章末尾进行阐述。

那么，我尽可能简化这个场景：有时候，罗伯托会拿起一本教材，坐到书桌前开始看书。当你带安德里亚出门时，有时他也会自己穿上夹克，虽然这种时候不多。让我们从这里开始。

可能的行为范围是无限的。或许有一些行为极度消极，或许有一些行为是积极的，当然也有许许多多行为处在中间状态：既不糟糕，也不优秀；既不完全合适，也不完全不合适。不用说，你当然可以惩罚那些最糟糕的行为，不过你也可以试着奖励那些不太糟糕的行为。瞧，可能的行为范围是无限的，但是时间不是。一个下午只有四五个小时。如果你看到孩子有一些不那么消极的行为，你可以奖励它、加强它、强化它，那么第二天孩子将可能更频繁地重复这样的行为。至于原因，你已经知道了，因为人类倾向于重复产生积极后果的行为，而奖励正是积极的后果。因此，孩子的那些糟糕的行为能够表现的时间就变少了。尽管经过了漫长的拉锯战，但是如果孩子最终开始写作业了，你就可以奖励他，那么从现在开始，孩子发脾气的时间、机会和可能性就会减少。如果孩子以前常常把自己一个人锁在卧室里好几个小时，但是这次他从卧室里出来，帮你修理了电脑电缆，那你就要表现出很满意的样子，这样，或许第二天孩子出来的时间会更长、更频繁。如果孩子能多花几分钟时间来帮你，那么他待在房间里的时间就会减少，你们俩的关系也能从中受益。

你是不是想说，这太难了！

是的。可是从没有人说过，养育孩子是一件容易的事情。

不可能？

非也。如果你不相信我，那我会用心理学上一个非常有名的实验证明给你看。

◉ 弹钢琴的鸽子

从前，有一位科学家，他的脑子里突然冒出个奇怪的想法，他想教鸽子弹奏一首简单的曲子。于是，这位科学家把一只鸽子和一架小小的玩具钢琴一起锁在了笼子里。可是这个可怜巴巴的小家伙根本不想学，只是在笼子里闲逛，根本没有把心思放在给它布置的任务上。科学家为了达到目标，他并没有责备鸽子不上心。当鸽子在笼子里四处闲逛时，科学家没有对它进行电击，而是仔细观察它的行动。科学家发现这个小家伙有时在笼子中间转圈，有时靠近笼子边缘，有时靠近钢琴。相对于目标而言，这三种行为都不够充分，但三者也都不相同。其中有一种行为与另外两种行为相比，显得不是那么糟糕，于是科学家就决定从这一点入手。这一方法的秘诀是这样的：在所有行为中，抓住那个距离目标最近的行为，即使这个行为距离目标仍然很远。不要把注意力集中在不正确的事情上，而是集中在那些稍好一些的事情上。这项接纳并对此满足的艺术，虽然困难，但十分关键。虽然在钢琴的各处徘徊并不意味着能够真正弹奏，但总比什么都没做要好。因此，每当鸽子靠近钢琴时，科学家就会喂它一些食物作为奖励。最后，并没有奇迹出现，但是这只动物在钢琴附近停留的时间越来越长，时不时还会啄上几下。我再说一遍：这并未达到预期的结果，但它已经向前迈进了一步。理论学家将其称为逐次逼近（Successive Approximation），即个体一点点接近目标的过程。于是，科学家耐心地、一步一步地持续强化朝向正确方向的行为：起初，当鸽子啄钢琴时，科学家会喂它食物；然后，当鸽子啄琴键时，科学家会喂它食物；再之后，当鸽子啄出旋律的第一个音符时，科学家会喂它食物；当它啄出第二个音符时……

我为什么要讲这个故事呢？因为鸽子在没有受到任何惩罚

的前提下，就学会了演奏简单的旋律。诀窍就在于将专注力放在积极的行为上，即便这类行为非常少，而且在最开始时尤为关键。如果科学家关注的是消极的方面，那么就会自动触发惩罚。然而，如果我们奖励那些简单、微小而普通的行为，即动物那一刻能够做到的最好的行为，让它获得回报，它就会慢慢做出越来越符合你要求的行为。

我在这里暂停一下，因为我似乎听到你反对的声音："但是我读这本书是为了了解如何教育我的孩子，而不是如何训练鸽子。"

我试着这样回答你："你认为这种方法只适用于鸽子吗？你见过孩子玩水与火吗？"

水与火

你可能玩过这样一个游戏：一个玩家把一件物品藏起来，另一个人把它找到。把东西藏起来的那个人引导对方搜索，当对方距离物品越来越远时，会说"水"；距离物品越来越近时，会说"火"。现在，我们想象一下，你跟孩子一起玩游戏，但是态度却非常冷淡，只专注在不对的事情上。例如，你给孩子展示了一个洋娃娃，这就是他应该找到的物品。接着，你把孩子带出厨房，把洋娃娃藏到厨柜的一口锅里。然后，你又把孩子带进来。孩子看着桌子上面，你对他说："水。"孩子看着桌子下面，你说："水。"孩子看着洗碗机，你说："水。"孩子看着水槽，你说："水。"最后，孩子看着厨柜，你说："水。"为什么这次你还要对他说"水"呢？因为你认为正确的行为不应该是看着厨柜，而是打开它，拿起那口锅，往里面看。只有这样，你才会对他说："火。"可这样一点都不好玩！"水"对他来说就是一种惩罚，向他表达的意思是："你做得不好，你犯错了。"另一方面，"火"是一种强化，是一种奖励，是对他说："太棒了！你的方向是对的！继续这样做下去！"如果你一直重复说"水"，那么这个游戏就会变得无比漫长和尴尬，而且是惩罚性的。孩子开始抱怨，说他根本找不到洋娃娃，而你则会责骂他："为什么没有努力去找？"游戏的结局就是大家不欢而散。

但是，你非常清楚，你还有另外的选择。那就是模仿科学家训练鸽子的步骤：这才是玩水与火游戏的正确方法。孩子看着桌子上面，你说："水。"孩子看着桌子下面，你说："水。"孩子看着洗碗机，你说："水。"孩子看着水槽，你说："水。"后来，孩子看着厨柜，你惊呼一声："火，小火，小火苗！”这不就来了，这就是奖励！这便是行为强化的发动机，它创造了继续玩游戏的动力，同时稳固了你们之间的关系。“火，小火，小火苗！”为什么你要这样说呢，他不是还没找到娃娃吗？这是因为他已经离目标越来越近了。因为你能够从他的行为中看到积极的一面。因为你深知，这样一来，孩子就能一步步地前进，先是打开厨柜，然后拿起锅（这时你会喊：“火，大火，熊熊大火！”），最后就找到洋娃娃了。这样你就无须再惩罚他了。下一次他还会要你陪他玩，因为你们玩得非常开心。

◉ 眼神专注，心扉敞开

我们再回到第2章中斯蒂凡诺的例子上。斯蒂凡诺放学回到家里，非常失望，很可能还心烦意乱。他把背上的书包扔到地上，一句话也不说，把自己锁在了房间里。等你叫他吃饭的时候，他还让你“见鬼去吧”。或许今天早上他的老师或同学羞辱了他，让他感觉非常难受，并为此心烦意乱，但你对此一无所知。所有这些事情让他产生的负面情绪都在他的内心中引发了挫败感和愤怒。我们已经介绍过了，斯蒂凡诺释放情绪的地方和方式有很多种，我们看到他的情绪，接纳它们，愤怒就有可能流走。

不过，我们这一章讲述的是高墙，是关于我们该说怎样的话，该做怎样的事，而非构建桥梁或是那种单纯冷静的接纳。因此，当你听完儿子说的话，理解了他之后，你很可能这样对他说："但是，斯蒂凡诺，无论如何你不能这样对我。"然后，你还可以说："如果你愿意的话，我们可以再多聊一会儿，不然就过来吃饭。"

现在，让"眼镜蛇"（第1章）尽情传达它的信息；让孩子的话语浸没你的思想；让孩子说话、说话、说话……而你，此时此刻，就那样静静地看着斯蒂凡诺，眼神专注，心扉敞开。你就这样看着斯蒂凡诺，脑海里不要有二元思维，不要想着非黑即白。的确，斯蒂凡诺常常表现很差。不过，现在，就在此时此刻，你要做的就是看着他。看着他，就在你的一生无数个瞬间中的这个瞬间，想一想，他真的永远都表现很差吗？难道他就没有那么一刻像鸽子一样接近了钢琴吗？就在那一刻，他有没有略显安静，给你一种想要聊上两句的感觉？就是这一刻，宛若黄金的原石，弥足珍贵。现在你要控制自己的情绪，把你大脑中那些最悲伤、最消极、最愤怒的话语放在心里，而你在此时此刻，要奋力寻找属于孩子的黄金原石。期待在不期然间猛然看到闪烁的点点金光，这足以令你欢欣鼓舞了。你获得的那一点点小小的快乐，正是对孩子的奖赏（鸽子啄键盘时的一小块食物）。这是一次绝佳的机会，你要利用这次机会对他微笑，给予他积极的关注，强化他好的行为表现。没错，那些小小的金光极其罕见。如果不是这样的话，它们也就不会如此珍贵了。

而这时，或许在你的脑海中，“眼镜蛇”还在咝咝地吐信，但如果你能够丢开它不管，继续寻找黄金原石，你就会发现，你会找到越来越多的黄金原石。当你找到更多时（即当鸽子用喙在键盘上啄出正确的音符时），你就能对着斯蒂凡诺说：“太好了！我们能够安静地聊上10分钟的天了！”

慢慢地，随着时间流逝，10分钟可能变成15分钟。然后，可能在下一次，聊天就变成了一起学习科学课程，或是一起收拾房间。于是，总会有那么一天，你们能够去大商场里买他心仪已久的牛仔裤。用这样的方式，黄金原石可能就会成倍增大，斯蒂凡诺将不再仅仅是靠近“钢琴”，而是尝试去弹奏它。这需要时间和耐心，但最终他的指尖会流淌出跳动的音符。最开始，这些乐音可能会难以入耳，可总有那么一天，它可能会变成悦耳动听的音乐。注意，我写了很多“可能”。事情到底会如何发展，我们现在仍然不得而知。不过，你，现在，就在此时此刻，只需要拿走孩子能给你的东西即可。试着为此奖励他，而不是因为他做不到什么而惩罚他。刚开始时，只需要小小的积极行为就可以了。在这里，我要套用古希腊物理学家阿基米德的话："给我一个支点，我能撬起整个地球。"

眼神专注，心扉敞开——就像动画电影《泰山》（*Tarzan*）中的小泰山一样。

为什么有时如此艰难？

当你感觉天要塌下来的时候，你大脑中的信息就开始掌权了。"眼镜蛇"再次醒来，发出咝咝的声音。"我儿子怎么总是出问题？""我怎么做都不对……"这样的想法能够对情绪产生影响，对此我们已经分析过很多了，不过除此之外，它还能产生一种知觉扭曲，即如果你想的是黑色，那么你就会看到黑色。有时，想到黑色的一面是必要的。如果精神科医生告诉你，你的孩子患上了对立违抗性障碍（Oppositional Defiant

Disorder，ODD）；或是心理学家向你展示了你女儿的测试结果，结果显示她患有阅读障碍症。在最近一次家长会上，老师们都十分清楚地谈及了孩子考试不及格的问题。如果我告诉你这些信息都只是你大脑中的信息，你可能会反驳我，甚至感到有些被冒犯，你会怒气冲冲地对我说："我怎么能不想到黑暗的一面？对立违抗性障碍、阅读障碍症和不及格，这些都是真的，不是我大脑中的信息！"

我尽我所能回答你："很不幸，这些想法都是真的。"可我认为，重点不在这里。我先问你，这些想法有用吗？没有用，它们根本没用。那你知道这些想法能带来什么吗？它们会带来我下文所说的"坏逗号"。

我们来观察以下几个句子：

- "你终于把房间收拾干净了，可你没瞧见你的书柜乱成了一团吗？"
- "你独立完成了作业，可你的作业里怎么全是错别字？"
- "这次你倒是听话，乖乖来吃饭了，可是你觉得用那两只脏手吃饭合适吗？"

我们把注意力集中到那个小小的、不易察觉的小标记上，它的名字叫作“逗号”。别小瞧这样一个微小的符号，它带着“剧毒”。它到底能传达出什么信息呢？它就是“眼镜蛇”的脚印。当你在选择是惩罚消极行为，还是强化积极行为时，“坏逗号”便邀请你选择前者。它会让你责备孩子的书桌凌乱，斥责他作业里到处都是错别字，批评他两只手太脏。

在本书中，我多次提到了同理心。我刚刚在前面的文字中也提到了。同理心指的是能够设身处地地去理解、同情、接纳和怜悯他人的能力。当然，如果你是一位全职妈妈，习惯了每天早上整理所有房间，那么对你来说，把几本书放到书架上，简直是小事一桩。就好比做将“地”放到动词前面而不是名词前面这种练习，如果你是一名语文老师，那么你闭着眼睛都能做到。当然，作为一个成年人，饭前洗手是一种习惯，甚至能够自动去完成。但是这类思维都不是同理心。对有的人来说是轻而易举、微不足道的小事，但对另一个人来说可能通过艰苦的努力都难以做到——意识到这一点非常难。

是的，你的儿子患有对立违抗性障碍，你的女儿患有阅读障碍症，而且不及格的“横祸”即将砸到你们的脑袋上。所有这些都是真的，但是躲到这些想法的背后，任由它们将你囚禁起来，憋得你快要窒息，这又有什么用呢？直面这些问题，不比任由它麻痹你更有用吗？

试着跳出自己的思维，设身处地为孩子着想，与他们的困难共情，这时你就会发现，还有第二种“逗号”，它能够用来替代第一种“坏逗号”。

- “我太开心了！你的房间收拾得又整齐又漂亮，下次看看能不能也把书柜收拾干净。”
- “你竟然主动去写作业了！多好的事情！你还记得之前让你写作业有多困难吗？我得催上一百次，而且咱俩总是为此争论不休，浪费时间。现在既然你都坐下了，也写完了练习题，那我就教你‘地’这个字的正确用法吧。”
- “我一说饭做好了，你就坐到桌前来吃饭了，表现得非常棒，不过也要记得，每次吃饭前得先洗手哦。”

给你布置一个练习：找一找前面三个句子中的“好逗号”，看看它有多大的价值。

我曾经让一个男孩的母亲写日记，记录儿子的行为。这位母亲的小儿子患有社交恐惧症，非常不自信，而且十分害羞，几乎无法与同龄人讲话。在最开始的几次见面时，这位母亲给我带来的日记里都是“坏逗号”：“今天他给一位同学发了一条短信，问同学数学作业是什么，但是当同学回复他之后，他甚至都没有回一句‘谢谢’。”“他答应要去参加一场生日派对，但是整个下午他都一个人傻傻地坐在墙角。”在见面的过程中，我们试着用“好逗号”替代“坏逗号”。后来，某一个下午，我在日记中发现了一句非常简单的话，堪称杰作。句子是这样写的：“今天他和同班同学出去玩了半小时，我真的非常开心。”在这句非常简短的话里，隐藏着一块“黄金原石”，你知道藏在哪里吗？就藏在末尾那个小小的符号中，比逗号还要小的小点里面——在句号里。“今天他和同班同学出去玩了半小时，我真的非常开心。”句号，这个小点有非常多的意义。有时，教育就像雕刻一样，是一种简化和减轻的艺术。去除那些冗长、繁杂、无休止和无意义的布道，去除惩罚、责备、责骂、痛苦、对未来的忧虑，还有对明天会出错的所有忧心忡忡……“今天他和同班同学出去玩了半小时，我真的非常开心。”对今天来说，在这个句号之后，再无其他，有的只有一片安宁。

我们来听听你大脑里的声音。它会告诉你：“今天他和同班同学出去玩了半小时，可这个年代的孩子应该跟女孩们出去玩。”它会暗示你：“今天他和同班同学出去玩了半小时，可他还是有社交恐惧症，心理学家已经明确地诊断出来了。”它还会在你的耳边嘡嘡作响：“今天他和同班同学出去玩了半小时，可你看到他回家的时候脸色多难看了吗？他什么时候才能痊愈？他什么时候能跟别的孩子一样？他能获得幸福吗？他以后能遇上自己喜欢的女孩吗？”你的大脑可能是这样想的，但或许你已经学会用“好逗号”甚至句号来取代“坏逗号”。“今天他和同班同学出去玩了半小时，我真的非常开心。”据说，米开朗琪罗也是这样做的：他从阿普安阿尔卑斯山地区搬回来一块洁白如玉的大理石，然后他一点点地去除多余的部分，使大理石越刻越小，最后只留下享誉世界的大理石雕塑作品《圣殇》。

第 8 章

共同寻找解决方案

◉ 亚瑟王与圆桌骑士

要想一同寻找解决方案，有一个非常有效的方法，这种方法被称作“圆圈时间”（Circle Time），多为中小学教师特别是幼儿教师所采用。这种方法起源于古代亚瑟王和圆桌骑士的传说，其最基本的哲学理念是人人都处在平等的地位上，不存在讲台或主座的意识。这样一来，所有人都能说自己想说的、正在思考的、认为有用的和正确的话。所有人都拥有说话的权利，当然，每个人都会说话，而其他人也有义务倾听，并保留评判。例如，在人声嘈杂的教室里，大家可以采用“圆圈时间”的方式进行讨论，话题是“如何变得更有教养且更专心”。由老师抛出话题，然后由孩子们提出解决方案。听的人越是不评判讲话的人，就越有可能催生出更多的想法、更多不同的观点和更多可能的解决方案。在这个过程中，需要评估出最优的建议，并逐渐摒弃其他的建议，但是如果没有创造出平等、倾听和接纳的氛围，那很可能也不会有更多的建议被提出来。

心理学家对这种方法也十分熟悉。当面对某个问题时，一组人围坐在桌旁开始争论，规则只有一条：说话，无论什么想法都抛出来，不要批评、苛责任何想法。这种讨论所期待的、想要奖赏和强化的，并非观点的质量，并非最终要找到比其他观点更充分合理的解决方案，而是大家提出的观点的数量。当这种方法奏效时，讨论就能产生大量的观点，甚至是完全不同和互相矛盾的观点，心理学家将这种集思广益的方式叫作“头脑风暴”（Brain Storming）。等风暴停息，阳光再次洒向大地，雾气蒸腾，雨水干燥后，最佳的解决方案就从风暴中产生了。

◉ 问题解决

这就到了最后一章的核心，即问题解决（Problem Solving），寻求将问题解决的办法。你的孩子有问题吗？试着准备一个小圆桌，和他一起坐下来，鼓励他来一场“头脑风暴”，看看会发生什么。

动画电影《白雪公主和七个小矮人》（*Snow White and the Seven Dwarfs*）中有一个场景，让我想起了问题解决。场景描绘的是七个小矮人正在洗澡，在我看来，这个场景是一个诙谐的比喻，一方面是合作解决问题，另一方面是权威试图强加解决方案。

• • •

这个方法能够引导你们将自己置于平等的位置，从而找到问题的解决方案。不过在沿着这条道路前进之前，我觉得有必要后退一步，重复我之前说过的内容，因为这些内容非常重要，我不能冒险将它们遗忘、误解或是抛到一边。我们暂且回到前面思考的内容上，即关于“高墙”和说教的内容。在某些情况下，我们的确期望父母知道如何使用他们的权威。此时，父母需要调动与采取行动相应的能力、勇气和力量。即使是圆桌骑士也有他们的亚瑟王，他会在某些时刻，有权利且有义务做出最终的决定，并要求强制执行。即使是采用“圆圈时间”的方法，孩子们也有自己的老师，老师必须有能力知道何时需要利用他的权威进行干预。你也一样。例如，在决定玩手机的时间和时长时，不应该永远且单调地由父母和6岁的孩子进行自由讨论；在决定何时需要在孩子的手机上使用“家长控制”（青少年模式）服务时，不应该总是让父母和孩子进行自由讨论；在平等地讨论孩子周六能否出去玩以及玩到几点等问题时，不应该由你15岁的儿子决定。我再重复一遍：在教育中的某些时刻，需要一位“国王”。然而，在其他许多时刻，圆桌会议非常重要、珍贵，有时是无可替代的重要经历，我们能够在那里分享和寻求解决方案。那么，哪些时刻适用圆桌会议呢？我们将在本章讨论。

寻求解决方案的过程几乎是大同小异的，可以认为是标准化的方案，都遵循几个简单、连续的阶段。下面，我将用自己的方式总结和表述这些阶段，希望能够帮助你越过某些障碍。

阶段1：认识问题。不要像鸵鸟一样，把头埋进沙子里，因为通常起不到什么作用。假如你的孩子在学校里的各科成绩都有明显的下降，那这并非偶然。这不是一个偶然的插曲，也不是因为遇到了一个倒霉的周末。不要假装什么都没有发生，直面问题，识别问题，给问题一个名字，与孩子共同讨论，与孩子达成共识。如果能够解决这个问题自然很好，如果不能，至少要直面这个问题。问题的原因或许是他玩智能手机的时间太长了；或许是他变得非常冷淡，似乎做什么都没有了热情，比如，他不再运动，总是独自一个人，有时甚至把自己关在房间里好几个小时，谁也不知道他在里面干什么；或许，事情刚好相反，是因为他跟朋友在一起玩的时间太长了，从来没有在你规定的时间内回家；或许，每天下午为了让他写作业，都需要花上3小时的时间。专注在你自己和孩子身上，到底哪里出了问题？认识和分享是第一步。如果没有这些假设，那么整个问题解决的过程都无法开始。

阶段2：规划问题。一旦确定哪里出了问题，就要在目标上达成一致。首先问孩子："是什么让你写作业这么困难，还浪费那么多时间讨价还价和发脾气？""为什么在学校里的成绩下降得这么明显？""你遇上什么问题了？感觉你好像什么事情都不想做，什么都不能让你开心。"一旦你问出了这些问题，并且听到了答案，那么你又该做些什么呢？你应该设置要达到的目标。注意：如果目标很模糊，那么注定会失败。我举几个目标模糊的例子：在学校要表现得更好，变得更听话，更加努力。这些陈述好像说了一切，又好像什么都没有说。你们要限定范围，试着一同确定精确的目标和要克服的障碍。这些障碍可能首先是情绪上的，或许我们之前讨论的有关情绪的内容会对你有所帮助。要想集中关注情绪问题，问孩子这样一些问题可能会有用，例如："为什么你写作业的时候，要费这么多力气？为什么需要这么大的耐心？""当你在准备考试时，心里是怎么想的？""你为什么这么伤心？""当你把自己关在房间里，有时一关就是好几个小时，那时你在逃避什么？"障碍也可能以实际问题或事实的形式表现出来，这些事实与情绪混合在一起，相互作用。针对这类问题，你可以这样问孩子："作业变得特别难，是吗？""你的朋友对你不好，你被边缘化了，你感觉很难受，是吗？""你累了吗？""你遇到麻烦了吗？""你这个星期是不是太忙了？"

阶段3：头脑风暴。现在，鼓起勇气，是表达自己的想法的时候了，即使是那些最古怪、最离奇、之前从未表达过的想法。为你那些离经叛道和创造性的想法留出空间。在头脑风暴中，不要害怕，把一切都说出来；不要害怕他人的反应

（你不要害怕孩子的反应，也不要让孩子害怕你的反应）；在这个过程中，你甚至可能会有点“疯癫”，但是也不要害怕，只管尽情说话。如果你愿意的话，尽情去幻想。“我们可以换一所学校。去一所私立学校，每个月花销足足有三万五千元的那种，保证你的成绩能够提升。”“我们还可以换一座城市，因为这座城市对你来说太小了，所有你认识的人、一起玩的人都不理解你，也都不欣赏你。”“我们还可以换个国家，例如移民到委内瑞拉。”“我可以周六就在床上睡觉，哪儿也别去。”“你可以搬去跟叔叔住，这样一来，你会发现那儿也不赖！”我的确说得很夸张，但我这样做的原因是，“头脑风暴”阶段最大的规则就是没有规则。显然，你说什么都可以，当然你要想提出更为合理的解决方案也完全可以。例如，上几节私教课；找老师们一起谈一谈；暂停最近上的课外班，例如在空手道、绘画和吉他课里选一个，甚至可以全部暂停几个月；换一换身边的朋友。当孩子感觉孤独，不知道怎么办才好时，试着像孩子小时候一样，带着他跟爸爸妈妈出去散散心——可能没那么有意思，但是总比关在卧室里有趣。例如，你们可以周六晚上一起去电影院，选一部你们想看的电影，看完后去吃比萨。

阶段4：做出决定。当然，我们不能永远都只提建议，有的建议可能有点怪诞，有的可能切实可行。风暴终将过去，暴雨终将停歇，浓雾也会慢慢散去，至此，或许你能看得更清楚一些。我们虽然负担不起每月学费三万五千元、对你成绩提升有帮助的私立学校，同时，这对你的教育来说也并非绝佳的安排，不过我们却可以花几百元补习数学和外语。你准备在空手道、绘画和吉他课之间，放弃哪门课？这样才能腾出时间上这些额外的课程。我们试试看？

阶段5：检查效果。没错，我们试完之后回过头看看效果如何。如果效果不错，那么只要有必要，我们就可以继续坚持这条道路，直到最终取得良好的成果。如果出现问题，那我们就接受失败，并尽我们所能保持平静，从头开始。有时，我们能够从错误中学到东西。

◉ 米凯莱："邮包"的故事

米凯莱15岁，现就读高中一年级。他变得越来越自闭、伤心和孤独。其实，在差不多一年前，也就是去年冬天，他已经出现了一些苗头。不过，现在问题变得越来越严重，谁都不能再假装视而不见了。在家里的时候，米凯莱几乎什么都不做，有时就连书本都不打开。虽然老师们都认为米凯莱非常聪明且很有天赋，但显然他的学习成绩在直线下降。

米凯莱的父母已经分开了，他们也注意到了孩子的问题，正非常痛苦地想要了解该怎样帮助自己的孩子。对孩子的父母来说，这样的时刻一点都不轻松，而且这种试图理解孩子，并积极寻求解决方法的方式，也意味着他们走上了一条充满障碍的道路。孩子的父母大约两年前分居，到现在为止，他们见面和交流的时间都非常少。

> 并不是说只有分开的父母才会出现沟通障碍。在电影《欢乐满人间》（*Mary Poppins*）的片段中，我们就能清楚地看到，班克斯先生下班回家后，他的妻子也不知该如何告诉他孩子失踪了。
>
> • • •

起初，当米凯莱的父亲提议三人见面聊聊这个问题时，母亲拒绝了。她说，她一点都不想见前夫，更不想跟他说话，谁知道是为什么呢？父亲明白，他需要耐心地等待最佳时机，留给前妻足够的时间去思考和消化她的困难和痛苦。而妈妈这一边，则是整个漫长的下午都看着儿子无所事事。她试着鼓励儿子拿起书本，或者跟几个好朋友一起学习，再或者问儿子哪里出了问题，她该怎样帮助他。可这所有的努力似乎都毫无用处。或许正因为屡屡失败，米凯莱一直固执地保持沉默，妈妈才觉得也许应该接受前夫的提议。

一个周六的午后，三人见面了，他们鼓起勇气看着彼此的眼睛。父亲一开始弄错了方法，他因为儿子学习成绩不佳而责备他，并强调如果继续这样下去，那他肯定会考试不及格，并且强烈要求他更加勤奋努力。米凯莱垂下了双眼——就是那双刚刚与父母对视的双眼，他沉默了。

“我看你也没什么话好说，”父亲评论说，接下来便是越来越沉重的沉默，“那我问一下，我们见面是为了什么？”

“米凯莱……”妈妈催他。

没有回应。

“米凯莱，”妈妈又重复了一遍，“你是怎么回事？”

“你们把我的生活搞得一团糟。”

从这句简单的话语开始，孩子慢慢解释他下午做作业有多么复杂。有时是在母亲家里，有时又是在父亲家里，他经常把书本落在前一天写作业的地方。

父母听着孩子说话。

“周末更糟糕，”米凯莱继续说，“一天跟爸爸，一天跟妈妈，我的生活变得一团糟。”

终于，风暴来临了。真正的风暴（他们坐在厨房里，窗外已经下起了瓢泼大雨，远处的闪电十分骇人），还有头脑的风暴：如果这些正是让米凯莱无法专心学习的原因，那有什么方法能够应对呢？

当然，心理学家知道，在这个原因之下一定还有其他的事情。但是如果米凯莱的父母有些许经验的话，也会知道，现在最重要的是从米凯莱提出的具体原因着手，寻找解决方案，而不是继续挖掘其他更多的原因。可米凯莱的爸爸妈妈都不是心理学家，他们涌现出层出不穷的想法。

父亲认为，他们可以买两套课本，这样每家都会有一套。妈妈则在思考几年前达成的协议，也就是每当他们想要见孩子的时候，都能见到孩子，不需要遵守法庭的判决，也不需要每次都吵架，当时他们认为这是个明智的决定。不过，现在鉴于这种新的需求，他们可能应该修改一下。或许，在风暴中，当米凯莱看到自己的父母能够与他一同交谈，并且努力帮助他，会让他感觉好一些。风暴到了某个时刻，米凯莱终于鼓起勇气想要说些什么，嘴角还挂着一丝说不清楚的微笑，仿佛他知道自己将要提出过分的要求，在说出某些字词之前，努力淡化它们的意义："或许你们可以复合。"

没错，的确是非常过分的要求，但头脑风暴中没有规则，每个人都能随心所欲地表达自己的想法。

最终，三人都认为，在固定的日期（爸爸建议周二和周五）与米凯莱待在一起，这个建议看上去是合理的。这样一来，对小米凯莱来说，安排学习会更容易一些。

"最糟糕的是周末。"米凯莱这时开口了。

"为什么？"爸爸问道。

"因为我感觉自己像个邮包。"

"你可以每个月跟米凯莱待在一起两次，"妈妈这时向前夫建议，"到时候，我可以去米兰找我的闺密路易莎。我正好出去透透气，她要是看到我这样，一定会很高兴的。你可以来我家里住。所以，米凯莱，至少在周末的时候，你就不用再搬东西了……"

他们这样尝试了。其间，他们又做了一些小小的调整，虽然没有奇迹般的结果出现，不过事情还是有了小小的成果。几个月过去了，他们又见面了。又是一个周六的下午，三人再一次围坐在餐桌旁，讨论最新的进展。不过这一次，窗外是火红的晚霞。这一次，没有新的风暴，不过米凯莱又有了新的畅谈的机会，他可能学会了如何表达他的不适、问题和情绪。

“爸爸，我还有一件事想要告诉你。”

爸爸这一次仍然注视着儿子的双眼，静静地倾听着。

“你还记得有一天晚上，我们一起去维亚雷吉奥（意大利托斯卡纳大区的城市）坐摩天轮吗？”

爸爸有些记不清了，说道：“嗯……啊，对！怎么了？”

“我们跟你的朋友们一起去的。还有一个小女孩，是萨尔扎那夫妇的女儿，你还记得吗？”

是奥罗拉。

米凯莱低下了头。

或许，他希望借此掩饰自己的脸红，不过这并没有用。没错，就是奥罗拉。即便事情已经过去快一年了，他还记得她的名字，他也不会忘记维亚雷吉奥摩天轮上的夏日夜色。他没有忘记她。有时候，他甚至会骑上自行车去萨尔扎那家，希望有机会见上她一面，可幸运女神并没有站在他这一边。不过，直到现在，在这一刻，谢天谢地，他父亲明白了。

◉ 印度公主

我想用儿时的一段回忆结束这部分内容，同时也是我的一份祝愿。当时，我患上了重感冒，发着烧。外婆来看我，还送给我一本书作为礼物。那时候，电视刚盛行没多久，儿童节目的播放时间限制在每天1小时内。显然，当时也没有电子游戏和智能手机，所以一本东方神话故事书算得上是珍贵的礼物了。在我生病的整段时间，外婆每天下午都会为我读几页。我记得，那是一本蓝色封面的书，书页上写着银色的字；我尤其记得，外婆朗读故事时，那略带沙哑的低沉嗓音；可我从不记得，她看过一眼时钟。

匆匆数年，我已成长为一个笨拙的少年。这一次，外婆生病了，只是，不是感冒。轮到我去看望她了。我和妈妈——她的女儿同去，可那时的见面对我来说备受煎熬。

“外婆，”我问她，“感觉怎么样？”接下来便是尴尬又痛苦的沉默。

通常，快到晚上时，父亲也会过来。他是一名医生。

父亲走进客厅，点点头算是打了招呼。接着，他走到外婆身边，不说话，只是抬手搭上外婆的脉搏，用指尖感受她的心跳。直到此时，父亲才会开口：“今晚感觉怎么样？”但这很难让人看出，父亲更关心的是外婆的回答，还是她跳动的脉搏。

那时的我是多么羡慕父亲，他拥有一个能与外婆深入交流的工具，他用这种方式倾听外婆的内心，而我则只会支支吾吾、尴尬痛苦。如果这本书也能为你提供某个小小的工具，帮助你与孩子交流，理解孩子，那简直太美妙了。心理学研究者没有听诊器，也无法扣住病人的手腕——这看似技术性的动作，实则能够与病人建立深入的沟通。如果这本书能够成为一种听诊器，可以将它轻轻放在孩子胸前，聆听他们的心声，那简直太美妙了。

在外婆多年前为我读过的那些童话中，最触动我的是一则悲伤的印度王子的童话。我仍记得她朗读时那甜美、平静的嗓音。故事讲述的是一位印度王子，他生活富足，什么都不缺。王子生活在童话般的宫殿里，财富和权力包围着他。突然有一天，王子开始变得虚弱。他脸色苍白、日渐消瘦，几乎一口东西都吃不下，似乎一切都无法引起他的兴趣，无法让他高兴了。

王子的父亲，那位绝望的国王，请遍国内最好的医生为他医治，但都无计可施。直到有一天，一位年迈的乡村医生听说了王子的怪病，他主动来到王宫前，请求探望王子。老医生走到年轻人床前，露出谨慎恭敬的微笑，几乎看不到却又意味深长，随后，老者抬起手指把住王子的手腕，他全神贯注，一言不发，过了很久，才开始用低沉的声音，极为缓慢、似耳语般说出了第一个字母："A……"

与此同时，老人倾听着王子的心跳。"B……"老者继续说，手指依然把着王子的手腕，"C……"

这是对时间和耐心的考验：D、E、F、G、H、I、J……就在说到"K"的时候，异样的事情发生了。这异样不易察觉，但老医生的手指轻扣在悲伤的王子的手腕上，足够让他感觉到了。老医生停了下来，又沉默许久，随后用他那低沉的嗓音念出一些名字。此时，老人神情专注地看着王子的脸庞，继续扣着王子的脉搏，听着他的心跳："卡加……"

"卡拉……"

"卡拉瓦蒂……"

"卡琳达……"

不需要再继续了。老医生再次感觉到王子心跳加速，但这一次不再是细微的变化。老医生停了下来，看着王子的面庞，而老人的脸上依旧挂着谨慎恭敬的笑容，专注而富有同情心。

"卡琳达？"老医生问道。

王子点了点头，承认了。

这时，医生将一直在场的侍从请出门外，关上房间的实木大门，对王子说道：“说说卡琳达的事吧。”王子的回答很短，但这短短的几句话，似乎在克制自己的思念。那是一个秋日的午后，王子与卡琳达公主相识。自此之后，他再也没见到她，却再也忘不掉她了。听到这里，医生没有再行礼，而是直接问道：“您想让我们找到她吗？”

故事里的王子最终找到了卡琳达，身体也康复了。可这是童话里的故事。我不知道米凯莱和奥罗拉会不会再见面，即使见面了，因为男孩的害羞，我有些怀疑他们的故事能否有圆满的结局。不过，有一点我十分确定，那就是父子俩在共同寻找答案的同时，学会了倾听彼此，找到了他们以为丢失了的在一起的快乐。如果在文章结尾时，你和你的孩子也发生了类似的事情，这将会是美妙的结尾。

致　谢

首先，当然也是按照时间顺序，非常感谢蒂亚戈斯蒂尼出版社（De Agostini）的斯蒂凡诺·博尔迪格尼（Stefano Bordigoni）。当我还没有开始动笔，他甚至连一页纸都没有读过时，就对这样一部作品展现出极大的热情，这也感染了我。

在该书的写作过程中，我也遇到过一些困难的时刻。但是，出版人安娜基娅拉·塔桑（Annachiara Tassan）耐心且充满信任，编辑阿莱西亚·莫法（Alessia Moffa）细致且持续关注，她们不仅对我的文字，而且对我的困难给予了莫大的帮助，这令我最终顺利完成本书。因此，特别感谢她们。

This Simplified Chinese language edition published by arrangement with De Agostini Libri S.r.l. through LeMon Three Agency, division of Shanghai Moshan Liuyun Cultural and Art Co., Ltd.

著作权合同登记号 图字：01-2023-2168

图书在版编目（CIP）数据

情绪教养 ：我们应该如何应对孩子的情绪 /（意）法比奥·切利著 ；纪园园译. -- 北京 ：中国妇女出版社，2023.6
ISBN 978-7-5127-2205-7

Ⅰ. ①情… Ⅱ. ①法… ②纪… Ⅲ. ①情绪－自我控制－儿童教育－家庭教育 Ⅳ. ①B842.6②G782

中国版本图书馆CIP数据核字(2022)第202938号

选题策划：包子谭
责任编辑：陈经慧
封面设计：OMG
责任印制：李志国

出版发行：中国妇女出版社
地　　址：北京市东城区史家胡同甲24号　邮政编码：100010
电　　话：（010）65133160（发行部）　65133161（邮购）
邮　　箱：zgfncbs@womenbooks.cn
法律顾问：北京市道可特律师事务所
经　　销：各地新华书店
印　　刷：天津明都商贸有限公司

开　　本：145mm×210mm　1/32
印　　张：7.25
字　　数：150千字
版　　次：2023年6月第1版　2023年6月第1次印刷
定　　价：55.00元